La Actividad del Técnico Superior de Laboratorio de Diagnóstico Clínico en el Laboratorio de Urgencias

FERNANDO LÓPEZ DE PRADO LÓPEZ

La Actividad del Técnico Superior de Laboratorio de Diagnóstico Clínico en el Laboratorio de Urgencias

La Actividad del Técnico Superior de Laboratorio de Diagnóstico Clínico en Laboratorio de Urgencias

FERNANDO LÓPEZ DE PRADO LÓPEZ

Madrid 15 de Octubre de 2020

ÍNDICE

El Laboratorio de Urgencias

Las magnitudes bioquímicas son útiles para ayudar a conseguir un diagnóstico acertado, tanto en la evolución como en el pronóstico de la enfermedad. El clínico solicita al laboratorio una prueba o un conjunto de de ellas con la esperanza de que el informe del laboratorio le permita confirmar o descartar el diagnóstico inicial. El avance constante en la electrónica y la robótica han simplificado, en gran medida, el trabajo que requiere el tratamiento de las muestras, permitiendo hacer más análisis por hora. Esto se traduce la mayor oferta de métodos analíticos al servicio del diagnóstico clínico. No obstante, estudios recientes alertan de un uso inadecuado[1] de las pruebas analíticas por parte de los médicos; llegándose a estimar que un 60% de los ensayos pedidos eran innecesarios, y solo el 10% influyeron en las decisiones. La solución aportada por las administraciones sanitarias se ha concretado en una serie de protocolos que describen las pruebas de laboratorio más adecuadas para el diagnóstico de cada patología. Se trata de mejoras en la comunicación entre el clínico y el laboratorio. Hasta ahora se realizaba principalmente por medio del volante de petición y el informe del laboratorio remitido al médico. La calidad y el valor diagnóstico del laboratorio se incrementan si el

---

[1] Antonia Herce Muños, et. al. Laboratorio de Urgencias: Fase Preanalítica y Cartera de Servicios. Hospital Universitario Virgen de la Victoria. Málaga.

médico conoce los requisitos a cumplir por la muestra en función de las pruebas solicitadas.

La fase preanalítica reúne todas las operaciones y procedimientos que se ponen en activo desde que se recibe la petición analítica firmada por el médico hasta que se inicia el análisis. La podemos dividir en las siguientes etapas:

- Solicitud de análisis clínicos.
- Obtención y recogida de las muestras.
- Transporte de la muestra acompañada del volante.
- Recepción de la muestra en el laboratorio.

La fase preanalítica muchas veces se realiza fuera del laboratorio, dependiendo la calidad del trabajo analítico del cumplimiento correcto de los protocolos de extracción, recogida y transporte.

Solicitud de Análisis

Los impresos de solicitud de pruebas del laboratorio cambian según el hospital, servicio de salud, etc. Si están bien redactados ayudan al clínico a escoger que pruebas son las más adecuadas y a saber que le pueden aportar. Los impresos se clasifican en dos tipos: en blanco y estructurados. Los primeros permiten al médico indicar que prueba desea, pero esto puede generar equívocos. Los estructurados muestran la cartera de servicios del laboratorio, agrupando las pruebas por perfiles. Suelen facilitar el trabajo del laboratorio al disponer de tarjetas grafitadas y códigos de barras. El impreso de solicitud debe contener todos los datos para identificar al paciente, al médico y las pruebas a realizar.

Transporte de las Muestras

Una vez se ha tomado la muestra del paciente, ésta debe etiquetarse con un código de barras para garantizar la trazabilidad; también debe colocarse el mismo código al volante. Si en la sala de extracciones se dispone de centrífugas es conveniente enviar las muestras centrifugadas. Las muestras lábiles deben conservarse según un protocolo que ha de incluir temperatura, luminosidad, tiempo de conservación, si hace falta introducir anticoagulantes o conservantes…

Como norma general las muestras deben enviarse cumpliendo los siguientes requisitos:

Sangre: el plazo de entrega al laboratorio ha de ser inferior a dos horas desde la extracción. El transporte debe ser cuidadoso para evitar golpes que produzcan hemólisis de las muestras. La luz degrada compuestos como la bilirrubina. Si se han de analizar ciertos compuestos como el amonio o la fosfatasa ácida es necesario refrigerar las muestras a 4 ºC.

Orina: suele recogerla el propio paciente en recipientes estériles de volumen variable desde los 100 ml a los 2 litros. Las muestras pediátricas se recogen en bolsas flexibles de polietileno que han de sellarse antes del transporte.

Heces: se transportan dentro de una caja de cartón que se introduce en una bolsa de polietileno. De no disponerse de los anteriores embases se puede recurrir a los empleados en la orina.

El frío se mantiene con dióxido de carbono sólido (hielo seco, -70 ºC) que evita la congelación de las muestras. En los hospitales las muestras se envían de forma rápida y segura desde las plantas al laboratorio por el sistema de tubos neumáticos.

Recepción de Muestras

En la sala de recepción de muestras se entregan las muestras acompañadas de sus volantes. En el supuesto de que vengan sin código de barras se les asigna uno tanto a la muestra como al volante.

Las muestras son inspeccionadas, cotejándose con el volante, si algo no concuerda se realizan las comprobaciones pertinentes: aceptándose o rechazándose, en este caso se indica la causa para informar de ello al médico peticionario. Las causas más comunes de rechazo son: mal etiquetado, volante incompleto, el volante no coincide con la muestra, muestra insuficiente o muestra en mal estado.´

Los datos del volante se introducen en la base de datos del laboratorio, paso necesario para programar los autoanalizadores y emitir el informe.

Conservación de las Muestras

El laboratorio establecerá un protocolo de conservación de las muestras desde su recepción hasta su destrucción después de su análisis. No deben estar más de 4 horas a temperatura ambiente. En la nevara no deben permanecer más de siete días. En el congelador se pueden conservar hasta 3 meses. Los procesos que reducen la viabilidad de las muestras son:

Sangre: la desnaturalización de las proteínas, la actividad metabólica de leucocitos y eritrocitos puede interferir en algún parámetro a medir, la evaporación de substancias volátiles. La congelación debe ser rápida para no alterar a las proteínas. Es conveniente centrifugar las muestras de sangre lo antes posible para separar el plasma o suero de las células.

Orina: se degrada con rapidez por lo que se recomienda su análisis lo antes posible. Los microorganismos pueden alterar el pH, la concentración de glucosa, volatilizar las cetonas, la formación de precipitados o agregados que aporten turbidez y cambios del color y olor. Si la orina no se puede analizar antes de una hora, desde su obtención, es imprescindible guardarla en el frigorífico, añadiendo los conservantes adecuados a las pruebas a realizar.

Procesamiento de las Muestras

Comprende el periodo de tiempo que transcurre desde la recepción de la muestra hasta su análisis. Los procesos más comunes a los que se somete la muestra son: precentrifugación, centrifugación y almacenamiento.

Precentrifugación: la mayoría de las pruebas se realizan con suero o plasma, eliminando las interferencias que genera la sangre total. El plasma se utiliza en pruebas de coagulación, mientras que el suero se usa con generalidad en los análisis bioquímicos. La obtención del suero requiere esperar una media hora a la formación, a temperatura ambiente, del coágulo. Se procede a la centrifugación y la separación del suero sobrenadante, evitando arrastrar células.

Centrifugación: si a la muestra sanguínea se le añadieron anticoagulantes, al centrifugar se obtiene el plasma que incluye los factores de coagulación. La centrifugación suele realizarse durante unos diez minutos con una fuerza centrífuga relativa de 1000 g.

Almacenamiento: dependiendo del ensayo a realizar o la finalidad del mismo, las muestra se conservarán durante más tiempo o menos en las condiciones establecidas por el PNT.

Interferencias

Las interferencias son substancias o procesos fisicoquímicos que alteran el resultado de la medida analítica (concentración o actividad). Las causas de las interferencias pueden ser endógenas o exógenas. Entre las endógenas destacan: componentes de la muestra, medicamentos, drogas, alimentos... Las exógenas pueden ser contaminaciones, reactivos, conservantes...

El Plazo de Respuesta en el Laboratorio de Urgencias

La función del laboratorio de urgencias es responder a la solicitud del clínico a la mayor brevedad, sin afectar a la calidad de las magnitudes biológicas medidas. El tiempo de respuesta se puede descomponer en[2]:

Tiempo de respuesta total: es el tiempo que transcurre desde la solicitud del médico hasta que éste recibe el informe de resultados.

Tiempo consumido en la etapa prelaboratorio: es el tiempo que transcurre desde que el clínico solicita el análisis hasta que el espécimen llega al laboratorio.

Tiempo de respuesta del laboratorio: es el tiempo que transcurre desde la llegada al laboratorio del espécimen hasta la emisión del informe.

---

[2] Tiempo de Respuesta en el Laboratorio de Urgencias. SEQC, 2002, 21(2) 80-82.

Tiempo postlaboratorio: es el tiempo que media entre la emisión del informe hasta su recepción por el facultativo que atiende al paciente.

Desde el punto de vista del clínico, el tiempo de respuesta total es el que le permite agilizar los protocolos de actuación terapéutica. El laboratorio solo controla su tiempo de respuesta, pero debe actuar para reducir los otros dos. Los laboratorios deben establecer sus tiempos de respuesta para cada parámetro ofrecido en la cartera de servicios. Para ello deben medirlo de forma realista, teniendo en cuenta los periodos de más carga de trabajo, los turno, posibles incidencias en el stock de reactivos, averías de los equipos, falta de personal, etc. Una vez establecidos los tiempos de respuesta, el laboratorio debe garantizar que los cumple, para ello se impone un control estadístico (medias, medianas, percentiles). Los paquetes estadísticos son de gran ayuda, al ofrecer unos resultados fácilmente interpretables.

Actividades que se Exponen

El presente libro constituye la memoria de la experiencia adquirida como técnico superior de diagnóstico clínico en dos laboratorios: el primero de urgencias y el segundo de microbiología, durante la pandemia del covid-19. Los objetivos propuestos fueron dos: el primero reflexionar sobre las técnicas de análisis realizadas y el segundo que sirva de contraste a las experiencias de los compañeros que inician su carrera profesional.

Hoy en día los laboratorios de análisis de rutina, en todas sus variantes están altamente informatizados y mecanizados. Los instrumentos automatizados realizan muchas de las operaciones de tratamiento de muestras, reacciones químicas, detección de las señales analíticas, su amplificación, cuantificación de la señal y la transmisión de la información para la redacción del informe técnico. A esta robotización del laboratorio analítico, no escapan los laboratorios de análisis clínicos, más bien, han sido pioneros en esta evolución que garantiza:

- Rapidez en el tratamiento de las muestras.
- Disminuye el contacto de los técnicos de laboratorio con las muestras, reduciendo el riesgo de accidentes laborales.
- Aumenta la velocidad de realización de los análisis.
- Reduce los costes de una analítica, favoreciendo que una porción mayor de la sociedad pueda

acceder a un mejor diagnóstico de su estado de salud.

- Favorece el control estadístico de los resultados, la trazabilidad, la implantación de normas de calidad (certificaciones, acreditaciones, laboratorios de referencia, laboratorios de metrología, etc.)
- Mejora la exactitud y precisión de los resultados al emplear instrumentos y técnicas altamente especializadas e implantadas en miles de laboratorios.
- Favorece la especialización del técnico de laboratorio.

El autor de la presente memoria, tuvo la oportunidad de participar en muchas de las actividades realizadas en el Laboratorio del Hospital Universitario de Sanitas de la Moraleja. Agradeciendo a la dirección facultativa y a todo el personal técnico, su profesionalidad y compañerismo.

El Laboratorio del Hospital Universitario de Sanitas de la Moraleja, atiende a pacientes ambulantes, de urgencias y de planta. El volumen de análisis diarios es muy elevado, superando los realizados a pacientes ambulantes los 250 diarios. Al ser un laboratorio centrado en análisis de urgencia, los estudios más laboriosos, como de cariotipo, pruebas genéticas, estudios de hormonas, Ig. E, cargas virales, etc., son derivados al laboratorio central. Las actividades realizadas fueron las siguientes:

- Recepción de muestras de sangre, orinas, heces, esputos, etc.
- Tramitación de los volantes, asignando los códigos de pegatinas para la identificación de las muestras, número de servicio (TIS), etc.
- Participación en la obtención de muestras de los pacientes ambulantes: raspado de lesiones producidas por hongos (piel y uñas), punción capilar para INR, extracción de sangre venosa para realización de pruebas de hematología, bioquímica general, coagulación, serologías (HIV, HVP, HVB, HVC, etc.), obtención de muestras con torundas (amígdalas, uretral, prepucio, etc.)
- Recepción de muestras de las plantas y de departamentos del hospital (traumatología, oncología, urgencias, obstetricia y plantas de ingresados).
- Centrifugación de las muestras de sangre y orina.
- Introducción de las muestras en los equipos de bioquímica (Olympus AU400 1), estudio de fármacos (Olimpus A400 2), hemograma (Pentra 60 y Pentra 70), hemostasia (CA500), análisis de orina (Aution Jet), análisis de cationes monovalentes en suero (TDX), el dímero D, PCT, HGC, PSA, estradiol, Troponina, HVI (Mini Vivas), gasometrías (IL GEM Premier 3000/4000) y sistemático de orina (Aution Jet). VSG.
- Estudio microscópico del sedimento.

- Tests manuales con kit para la detección de: *Streptococcus*, HGB, rinovirus, adenovirus, paludismo, neumococo, influenza A y B, Paul bunnell (mononucleosis), rotavirus, VRS (virus respitorio sincitial, sangre oculta en heces y APT.

En el Hospital General Universitario de Albacete la actividad se concentró en el laboratorio de microbiología realizando PCR y TMA.

Contextualización

El Hospital Universitario Sanitas de la Moraleja se encuentra en el barrio madrileño de Sanchinarro, en la calle Francisco Pi y Margal nº 81. Cubre una superficie de 148.000 m². Para los pacientes ambulantes cuenta con parking (270 plazas), servicio de ambulancias, urgencias, consultas de especialistas (48 consultas), quirófanos medicina nuclear, laboratorio de anatomía patológica y de análisis clínicos. Dispone de tres plantas para la atención de los pacientes ingresados, con 90 habitaciones individuales con baño completo. El laboratorio de análisis clínicos está gestionado por Labco Madrid, S.A.U., empresa especializada en prestar servicios de análisis clínicos y de anatomía patológica, integrada en la red europea de Labco Quality Diagnostics. Es un laboratorio de análisis de urgencia. Labco en su división región Ibérica, dispone de 48 laboratorios y 255 centros de extracción en España, y 32 laboratorios y 300 centros de extracción en Portugal. En total, cuenta con un equipo de 1.640 profesionales. Una de las principales ventajas competitivas de Labco es la dimensión de su red, que le permite dar cobertura a nivel nacional e internacional. Con ello se favorecen las sinergias entre distintos mercados, sectores y clientes. Asimismo, se posibilita la transferencia de conocimientos (know-how), experiencias y se limita su exposición a cualquier reducción de la actividad. En la UE Labco opera en: Bélgica, España, Francia, Italia, Portugal, Reino Unido y Suiza. Es líder en España, Francia y Portugal.

Cuenta con una amplia plantilla de técnicos de laboratorio, que varía en función de las necesidades productivas, estando formada en la actualidad por 20 profesionales y dos administrativos. La dirección facultativa la desempeña una médico especialista en análisis clínicos.

El horario de recepción de muestras de pacientes ambulantes es de lunes a viernes de 8:00 a 20:00. Los sábados de 8:30 a 12:30. El laboratorio funciona las 24 horas del día, para el análisis de las muestras de los pacientes hospitalizados.

Las áreas de trabajo del laboratorio son:

- Recepción y extracción de muestras de pacientes ambulantes.
- Recepción y extracción de muestras de pacientes ingresados.

- Análisis de rutina: hematología, bioquímica general, hemostasia, análisis de orina y test de microbiología rápida.
- Banco de sangre para pacientes con tratamiento oncológico y quirúrgico.
- Las muestras que no son analizadas son clasificadas y preparadas para su envío al laboratorio central.
- Control de calidad de los equipos y emisión de informes.

Las funciones del técnico superior en laboratorio de diagnóstico clínico fueron reguladas inicialmente por los R.D. 539/1995 y R.D. 551/1995, siendo derogados ambos reales decretos por el R.D. 771/2014 de 12 de septiembre de 2014. Las principales salidas profesionales son:

- Atención primaria y comunitaria.
- Laboratorios de centros de hospitalarios y extrahospitalarios.
- Industrias: alimentaria, farmacéutica, cosmética, etc.
- Otras: laboratorios anatómico-forenses, institutos de toxicología, centros de investigación, delegados comerciales de productos hospitalarios, etc.

Recepción de Muestras y Tramitación de Volantes

En el mostrador de recepción del laboratorio se atiende a los pacientes que presentan un volante firmado por un médico colegiado. En función de las pruebas analíticas solicitadas por el médico se realizan las siguientes gestiones:

- <u>Volantes con solicitud de análisis de orina</u>, el paciente puede venir con la orina o bien solicita un recipiente para recoger la orina. Se le explica al paciente como debe recoger la orina. Las analíticas más solicitas son la primera orina de la mañana o la orina de 24 horas. Cuando el paciente ya trae la orina, se le pide el volante, y se pasa por el lector la tarjeta de ASISA, generándose las pegatinas identificativas del paciente, que se pegan al volante, al reguardo para recoger los análisis. Dependiendo si los parámetros a analizar se realizan en el Laboratorio del Hospital o si deben enviarse al central, se escoge la pegatina de código de barras adecuada. Para cada volante debe generarse un código TIDS, imprescindible para realizar el análisis.

- <u>Volantes con solicitud de un análisis de heces</u>, al igual que en los análisis de orina, el paciente puede venir a preguntar cómo tiene que recoger la muestra, en cuyo caso se le explica y se le da un recipiente. Si el paciente viene con la muestra de heces, se imprimen las pegatinas identificativas del paciente y las etiquetas de código de barras de la muestra adecuadas y se genera el TIDS.

- Volante con solicita de un análisis de sangre, se comprueba si los parámetros a determinar exigen estar en ayunas, sí es así, se pregunta al paciente si está en ayunas, en cuyo caso se tramita el volante y se le asigna un turno de espera para la extracción venosa. Se realizan punciones capilares para INR.

- Volante con solicitud de estudio de micosis. Se le pregunta al paciente si se han puesto pomada sobre el área afectada. Las muestras más frecuentes son de uñas, la planta de los pies, cuello, codos, espalda, etc.

- Volante con solicitud de toma de muestra en torundas: las más frecuentes son frotis de las amígdalas, uretral, rectal, vaginal, balanoprepucial, etc.

Toma de Muestras Sanguíneas

Las tomas de muestra que he realizado han sido punciones venosas y capilares. Las punciones venosas son las más habituales en el laboratorio clínico debido a:

- Menor traumatismo para el enfermo.
- El volumen de muestra es muy variable, pudiéndose ajustar a las necesidades analíticas y a las características del paciente.

- Es sencilla de obtener.

Las venas se pueden clasificar desde el punto de vista de la extracción en:

- Venas prominentes: se observan sin la necesidad de utilizar el compresor. El inconveniente es que suelen ser móviles, por lo que el técnico debe fijarlas presionando la epidermis y el tejido subcutáneo.
- Profundas: no se ven a simple vista, pero se palpan, dando una sensación de "almohadilladas", son fijas.
- Finas: suelen palparse con facilidad, pero es fácil que se rompan durante la extracción por lo que no se recomiendan, además tienen bastante movilidad.

La punción venosa suele realizarse en el brazo, en la zona de la flexura del codo, donde nos encontramos con las venas cefálica, medial y basílica. Si no es posible realizar la extracción en el miembro superior se puede recurrir a las piernas, donde se encuentran las venas safena interna y safena externa, en la región de los maléolos y en el lateral de la rodilla. En los niños, si no se puede realizar la punción en el antebrazo, se puede recurrir a la punción en la vena yugular.

La sangre capilar tiene la ventaja de la sencillez de la punción, pero la cantidad que se puede conseguir se limita a unas pocas gotas.

Las muestras de sangre arterial son frecuentes, pero no las he realizado.

Antes de realizar la extracción es necesario comprobar los datos del volante, verificar que el nombre y apellidos del paciente son correctos, comprobar que disponemos de las etiquetas con código de barras adecuadas, seleccionar los tubos necesarios según las pruebas analíticas que figuran en el volante médico.

Escogeremos el tipo de técnica adecuada a la extracción: jeringa, palomilla o con vacutainer. La posición del paciente es importante para que se encuentre relajado, la más recomendada por los médicos es decúbito supino. En los pacientes ambulantes, lo mejor es sentarlos en un sillón de brazos graduables y con respaldo abatible. La temperatura recomendada está entre 18º C y 24 º C. La humedad relativa entre 45 % y el 60% y con adecuada ventilación.

El compresor se coloca en el momento antes de la extracción, cuando ya hemos preparado los tubos y seleccionado el método de extracción, con el objetivo de mantener el compresor el menor tiempo posible sobre el brazo del paciente. El compresor es una cinta de 1 cm de ancho y de longitud suficiente para rodear el brazo del paciente. Se procede a desinfectar la zona de la punción con un desinfectante que reúna las condiciones: desengrasante, evaporación rápida, no contamine la muestra. Los recomendados son el alcohol hibitane y el alcohol isopropílico. No se debe emplear betadine, ni alcohol yodado porque contaminan las muestras. El desinfectante se aplica sobre una gasa o una porción de algodón. La aguja debe tener el calibre y el bisel adecuados a la vena del paciente.

Es importante coger adecuadamente la jeringa, moviendo previamente el émbolo para despegarlo, comprobando que el bisel está para arriba, introduciendo la aguja con un ángulo de 20º, para que penetre sobre medio centímetro en la vena.

La palomilla tiene la ventaja de facilitar el agarre de la aguja, con una dirección de la aguja casi paralela a la vena. Debe fijarse la palomilla con la mano derecha y emplear la izquierda para el cambio de los tubos a vacio. Una vez que se han llenado todos los tubos, se procede a extraer la aguja de la vena, aplicando una gasa con desinfectante en la zona de la punción, colocando un poco de esparadrapo. Debe tenerse cuidado al pulsar el sistema de retracción de la aguja, para evitar que el sanitario se pinche con la aguja. En el orden de llenado, no debe comenzarse con el de coagulación, por lo que se puede comenzar con el de hematología (violeta), continuar con el de bioquímica y terminar con el de pruebas de coagulación.

El sistema de vacío (vacutainer) es cada vez más utilizado por la ventaja de los tubos a vacio. El ángulo de inclinación de la aguja respecto al brazo debe estar próximo a los 20º. La aguja se enrosca a la campana y se baja el plástico protector de la aguja. Una vez se ha canalizado la vena se introduce el tubo a vacío, para ello hay que vencer la resistencia del septum a ser perforado por la aguja. Una vez dentro, debe realizarse una ligera presión del tubo a vacio en dirección a la aguja para evitar que se suelte la camisa de cierre y deje de fluir la sangre. El primer tubo a llenar debe ser el de pruebas de coagulación (azul), después el de bioquímica y por último el del hemograma, para evitar contaminación de potasio.

En los tubos de vacío existen unas marcas que indican el nivel recomendado para el llenado de los tubos.

El código de colores de los tapones de los tubos indica el uso al que se destina la muestra obtenida. Los más utilizados en el laboratorio de análisis clínicos son:

Tapón rojo: lleva substancias que facilitan la retracción del coágulo y un gel separador que tiene una densidad mayor que el suero y menor que el coágulo. Al centrifugar la muestra, el gel se hace líquido y se coloca entre el suero y el coágulo, solidificándose al cesar la fuerza centrífuga.

Tapón violeta: contiene ácido etilendiaminotetra_ cético que es el anticoagulante más utilizado en el *laboratorio de hematología*. Entre sus ventajas está que prácticamente no altera la morfología de las células sanguíneas, no modifica la VSG y evita eficazmente la agregación plaquetaria. Forma quelatos con el calcio, evitando la coagulación, en este sentido la sal tripotásica es diez veces más soluble que la disódica. La proporción es de 0,05 ml por cada 3 ml de sangre total.

Tapón azul claro: contiene citrato sódico en un porcentaje en peso entorno al 3,5 %. Fija el calcio, se emplea en los *estudios de coagulación y en la velocidad de sedimentación.*

Tapón verde: Se utiliza en los estudios de bioquímica del plasma. Inhibe la actividad de la trombina sobre el fibrinógeno. Puede contener heparina sódica o de litio. También se utiliza en las gasometrías.

Tapón gris: Contienen flúor u oxalato como anticoagulantes, se utilizan en determinación de glucosa, por la fijación del calcio.

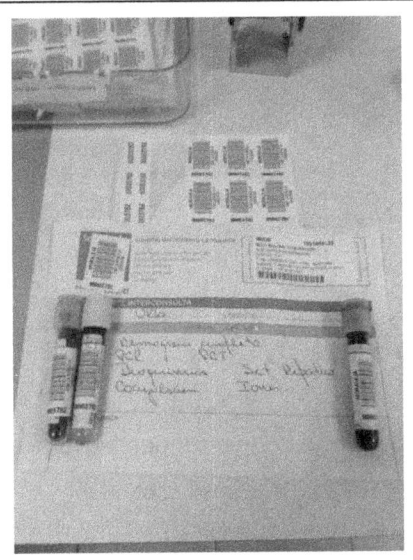

Foto 1: Volante etiquetado con sus muestras de sangre (f. propia)

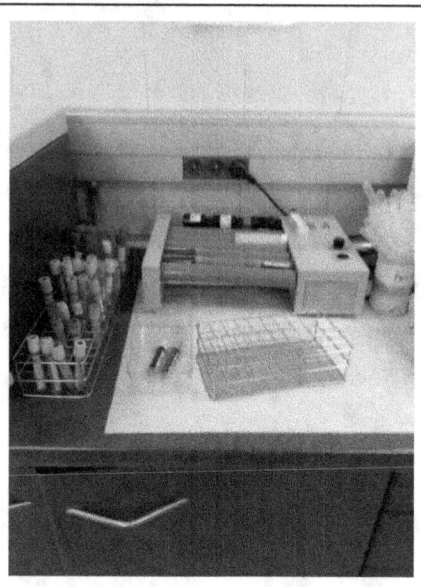

Foto 2: Muestras de sangre en agitación
(fuente propia)

Toma de Muestras de Orina

La orina es una muestra que tiene como principales ventaja su fácil obtención y que no es traumática para el paciente. Las muestras de orina son analizadas para conocer parámetros bioquímicos, estudios de sedimentos y urocultivos. Para que la muestra de orina sea adecuada es necesario seguir unas pautas en su recogida:

1. Informar al paciente de la finalidad del análisis
2. Indicar el tipo de muestra necesaria.

3. Comunicar las condiciones de almacenamiento y transporte.

4. Insistir en la importancia de la higiene personal y los riesgos de contaminación.

5. Entregar al paciente el recipiente adecuado o indicar cual debe comprar.

6. La muestra de orina debe ser homogénea y representativa del total.

7. Se recomienda conservar las muestras a 4° C hasta el momento del análisis, en que se atemperan.

8. Preservas las muestras de la luz solar (evitar la degradación de la bilirrubina).

Los principales tipos de orinas empleadas en el laboratorio:

- Primera orina de la mañana: es la orina de 8 horas, es la más empleada porque no es necesario despertar al enfermo por la noche y a los pacientes ambulantes les permite entregar la orina en el laboratorio antes de ir a trabajar.

- La orina de 24 horas: se recoge generalmente de 8 de la mañana a 8 de la mañana del día siguiente, siguiendo las instrucciones del médico y normalmente sin conservantes, aunque si fuesen necesario se indicarían. Un dato importante es la cantidad total de orina recogida en 24 horas.

- La orina de 12 horas. Similar a la anterior pero en 12 horas.

- La orina formada por la toma al azar: la muestra se toma en cualquier momento del día. Tiene el inconveniente de su representatividad. Es útil para estudiar la capacidad de los riñones de producir orina concentrada y para estudios de microbiología.

- La orina minutada: el paciente vacía la vejiga, anotándose la hora, se van recogiendo muestras con una frecuencia y duración previamente establecida. Permite la determinación de substancias cuya eliminación es variable según la hora del día, la cantidad de hormonas y en función de la dieta.

Principales Parámetros a Determinar en Orinas

Los principales parámetros estudiados en la orina son: pH, proteínas totales, glucosa, cetonas, bilirrubina, urobilinógeno, nitritos (presencia de bacterias desnitrificantes), leucocitos, presencias de cristales y cilindros. Se habla de hematuria cuando se observan más de cinco hematíes por campo (40 X) y de piuria si se observan más de cinco leucocitos por campo (40 X).

Los principales parámetros de la orina para el diagnóstico clínico son:

Apariencia: sin color o amarillo claro (abundante ingesta de líquidos o diabetes insípida). Turbia (presencia de fosfatos, uratos, células, bacterias, contaminación fecal). Lechosa (lípidos, piuria). Naranja (pigmentos biliares). Roja (hematuria, hemoglobinuria, porfirina, etc.). Amarilla verdosa (bilirrubina). Azul verdosa (*Pseudo_monas*, azul de metileno, clorofila, etc.). Rosada (ácido úrico en recién nacidos).

Densidad: 1010 a 1030 gramos/litro

pH: los valores más frecuentes están entre 5 y 6, pero entre 4,5 y 8,5 se consideran normales.

Proteínas: el valor normal es < 150 mg/m^2 en 24 horas. Si es más alto es una proteinuria.

Glucosa: el valor normal es < 100 mg/100 mL. Está aumentada cuando hay una disminución de la reabsorción tubular (tubulopatía proximal) o en la diabetes mellitus.

Cetonas: se detectan en la orina cuando hay un metabolismo anormal de los carbohidratos, una disminución en su ingesta, ayuno, ejercicio prolongado, vómitos continuados, etc.

Sangre: puede deberse a hematuria, hemoglobinuria o mioglobinuria. Para distinguir entre estos casos se procede a centrifugar la orina, si en el sedimento se observen hematíes, estamos ante una hematuria. Si no se detectan hematíes, hay que discernir si hay hemoglobinuria o mioglobinuria. Si la muestra de orina venía acompañada de una muestra de sangre, se centrifuga la sangre y si el plasma es rojo la causa es una hemólisis (por lo que observamos hemoglobina), si el plasma no es rojo, entonces es una mioglobinuria. Si no disponemos de sangre, se añade 2,8 g de sulfato de amonio a 5 ml de orina centrifugada y se deja reaccionar cinco minutos y se filtra. La hemoglobina precipita y queda en el papel, la mioglobina no precipita y pasa el papel de filtro. La mioglobinuria está asociada a una patología de daño muscular muy grave, causa por traumatismos, convulsiones, shock eléctrico, etc. Si la cantidad de hemoglobina o mioglobina es alta puede desencadenar insuficiencia renal aguda por obstrucción del túbulo.

Bilirrubina: la presencia de valores patológicos de bilirrubina es sintomático de daño hepático, la detección de trazas de bilirrubina justifica el análisis de enzimas hepáticas en la sangre.

Urobilinógeno: se detecta en la orina cuando hay un aumento de la bilirrubina no conjugada, como es frecuente en las anemias o en la hepatitis graves.

Leucocitos: en la tira reactiva se detectan por la reacción del reactivo sobre la esterasa citoplasmática leucocitaria, que produce un cambio de color que se puede medir por fotometría.

Nitritos: las bacterias desnitrificantes disponen de enzimas que reducen los nitratos presentes en la orina a nitritos.

Principales Parámetros a Determinar en Sedimentos Urinarios

Glóbulos rojos: su procedencia puede ser de cualquier zona del aparato urinario o de los genitales. Se considera hematuria microscópica si supera los 5 eritrocitos por campo. Los eritrocitos del tipo de los acantocitos, pequeños o dismórficos suelen ser causados por una patología glomerular. Los eritrocitos crenados son debidos a cambios de osmolaridad o del pH urinario, se confirma esto, con la detección de hemoglobina en la tira y no se observarán eritrocitos en el sedimento.

Piocitos: son leucocitos alterados en alguna región del sistema urinario donde se está produciendo una infección. Si no se detectan piocitos, no se debe excluir la posibilidad de infección.

Leucocitos: si el número de leucocitos es mayor de cinco por campo, se considera leucocituria. Si la leucocituria es recidivante, con cultivos negativos, está indicado investigar la presencia en la orina de microorganismos que crecen en medios especiales, como el bacilo de Koch, anaerobios, clamidias, etc. Es compatible una leucocituria sin la presencia de una infección bacteriana en patología como litiasis, nefrítis tubulointestinal secundarias al consumo de estupefacientes, cuadros de deshidratación, etc.

Células tubulares: se considera que hay lesión tubular cuando hay más de 15 células tubulares por campo, preferentemente en la necrosis tubular aguda. En los recién nacidos el número de células tubulares es mayor, sin ser indicativo de una patología.

Células escamosas: están presentes en la orina cuando la muestra obtenida está contaminada con secreciones vaginales o prepuciales. Para evitar esto se recomienda lavar los genitales y desechar los primeros mililitros de orina, antes de tomar la muestra.

Cilindros: proceden de la compactación de las proteínas en los túbulos de las nefronas. La matriz es la mucoproteína de Tamm-Horsfall, producida por células epiteliales de la rama ascendente del asa de Henle. Si el pH es alcalino o existen bacterias los cilindros se disuelven en la orina. Se aumenta la presencia de cilindros cuando el pH desciende, si la densidad de la orina aumenta o si la orina es retenida durante un periodo prolongado. *Los cilindros hialinos* están presentes en pacientes sanos, no obstante también se observan en el fracaso agudo del riñón, en procesos febriles y en situaciones de deshidratación. *Los cilindros hemáticos,* son patognomónicos de la hematuria glomerular. *Los cilindros céreos* son indicativos de un fracaso renal crónico. *Los cilindros grasos* se relacionan con un síndrome nefrótico. *Los cilindros celulares* están presentes en gran número de enfermedades renales y *los cilindros leucocitarios* en infecciones de mayor o menor gravedad y extensión.

Cristales: el pH de la orina influye en el tipo de cristales que se forman. *Las litiasis cálcicas* son más frecuente en los varones, a pH alcalinos, son radiopacos, destacando por su importancia el oxalatos cálcico (cristales alargados, en empalizada o bipiramidales), los fosfatos cálcicos (grandes cristales con la forma de una abanico). *Las litiasis úricas,* se forman en pH ácido, dan lugar a aglomerados de cristales sin orden interno de color rojo ladrillo. *Las litiasis infecciosas,* en pH alcalino, formándose cristales prismáticos, en ataúd, destacando el fosfato magnésico amónico, por la acción de bacterias como *Pseudomonas, Streptococos, Estafilococos,* etc. *Litiasis de cistina,* a pH ácido, forman cristales del sistema hexagonal, dispuestos en prismas o láminas.

Las infecciones del aparato urinario de origen bacteriano son muy frecuentes, destacando las infecciones producidas en el ámbito hospitalario (nosocomiales).

Los hongos también son causantes de infecciones urinarias, pero están circunscritas a personas inmunodeprimidas (candidiasis). Las infecciones urinarias presentan un cuadro clínico caracterizado por disuria, piuria y bacteriuria.

El equipo utilizado para el análisis sistemático de orina es el Aution-Jet. Una tira reactiva se introduce en el tubo con la muestra de orina un segundo. Se golpea de canto contra una gasa para retirar el exceso de orina. Se introduce en el Aution-Jet, el código de barras de la muestra y se inicia el análisis que se basa en una detección fotométrica de las reacciones ocurridas sobre los distintos sectores de la tira. Los parámetros cuantificados son: glucosa, proteínas totales, bilirrubina, urobilinógeno, pH, densidad, presencia de sangre, cuerpos cetónicos, nitrilos y leucocitos.

Para realizar el estudio del sedimento, se centrifuga la muestra de orina durante 5 minutos a 4000 rpm. Se decanta la muestra y se golpea el tubo para redisolver sedimento. Se coloca una gota sobre un portaobjeto y se observa con el objetivo de 40X.

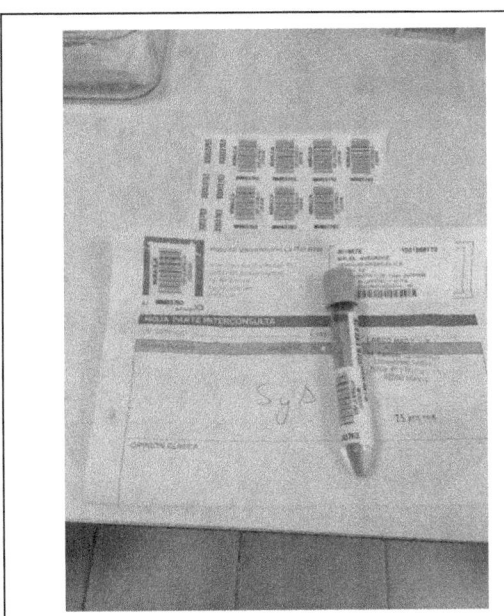

Foto 3: Volante y muestra de orina etiquetada
(fuente propia)

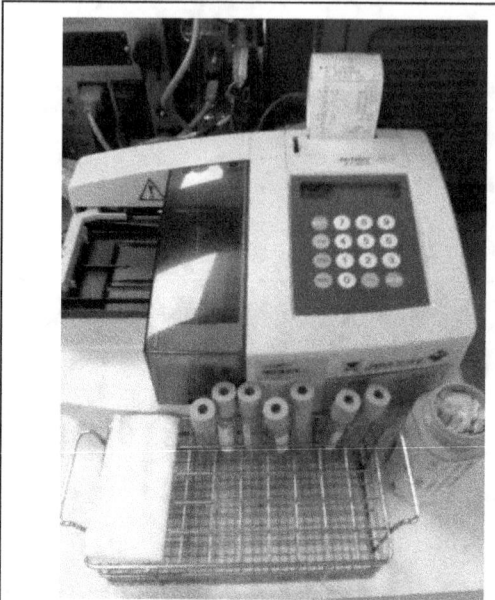

Foto 4: Gradilla con muestras de orina delante de Auto-Jet (fuente propia)

Toma de Muestra de Exudado Faringoamigdalino

Esta muestra está recomendada para el diagnóstico de faringitis y amigdalitis, investigándose principalmente *Streptococcus tipo A*. Para obtener la muestra se empleará una torunda de algodón y si fuese necesario un depresor lingual. La torunda se pasará sobre las zonas inflamadas, frotándose ligeramente, sin tocar la lengua ni la campanilla. Se identifica con la pegatina del paciente. No requiere de medio de transporte y se mantiene a temperatura ambiente.

Toma de Muestras de Micosis Cutáneas Superficiales

Las micosis cutáneas superficiales son patologías causadas por un número reducido de especies de hongos que generan inflamación. Las especies más frecuentes en nuestro ámbito geográfico son:

- *Ptiriasis versicolor*: es una enfermedad producida por el hongo *Malasezzia furfur*, que está presente en el 90 % de la población de climas templados. Por este motivo no se considera una enfermedad infecciosa. Se suele diagnosticar clínicamente, por el cambio de color de invierno a verano. Si hay dudas, en el laboratorio, se observa la muestra al microscopio en medio de KOH del 10 al 30 %, observándose las formas típicas de "albóndigas y espaguetis". El cultivo necesita 5 días.
- *Cándida*: produce un gran número de patologías, agrupadas bajo los epígrafes de candidiasis cutáneas y mucosas.
- Dermatofitos: son hongos que se desarrollan sobre el tejido queratinizado, con capacidad queratinolítica. Los tres géneros más frecuentes, *Trichophyton* (se desarrolla en la piel, pelos y uñas), *Microsporum* (en la piel y pelos) y *Epidermophyton* (únicamente en la piel). Las tiñas (tineas) son las enfermedades más frecuentes, destacando la *tiña capitis* (preferentemente en la cabeza, dando lugar a alopecia), *tiña pedís* (es el

conocido pie de atleta) y la *tiña cruris* (en pliegues de piel próxima a la zona inguinal).

Las muestras se recogen de la forma más aséptica posible de la zona afectada, para lo cual se aplica etanol al 70%, esperando a que se evapore. Un recipiente estéril (normalmente una placa petri). El paciente en los días anteriores a la toma de muestra no puede haber administrado pomadas en la zona. Se raspa suavemente con un portaobjetos la zona afectada, sin dejar los bordes y se recogen las escamas en una placa petri dejando dentro los portaobjetos. Se cierra con esparadrapo la placa petri y se identifica con las etiquetas de código de barras adecuada.

Exudados Uretrales Masculinos.

La uretra masculina está colonizada por una flora comensal numerosa. Los patógenos más relacionados con la uretritis son la *Chlamydia trachomatis*, la *Neisseria gonorrhoeae, Trichomonas vaginalis, Mycoplamas,* etc. El material necesario son torundas de alginato cálcico de pequeño diámetro, medio de transporte y gasas estériles. Se introduce la torunda en la uretra 2 cm y se gira con cuidado. Se repite hasta obtener dos o tres torundas. Las torundas se utilizarán en el estudio microscópico, el cultivo general y el cultivo selectivo de *Chlamydia, Mycoplasma* y *Neisseria.* Se transportan a temperatura ambiente y se deben procesar antes de tres horas. Si no se utiliza medio de transporte, las torundas deben procesarse antes de una hora. La muestra debe recogerse antes de la primera micción matutina.

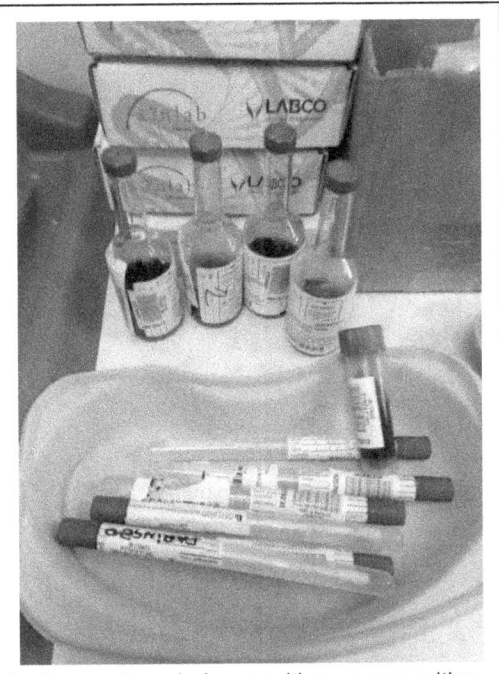

Foto 5: muestras de hemocultivos, coprocultivo, exudados vaginales, faríngeos y genéticas (fuente propia).

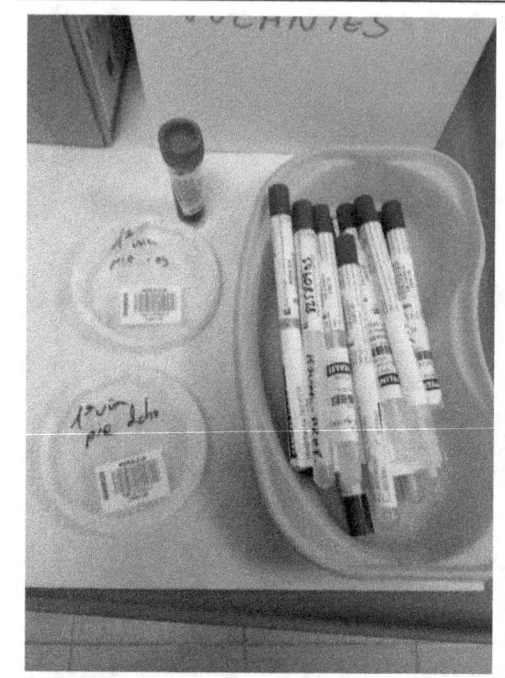

Foto 6: muestras de hongos de uña del pie, coprocultivo, torundas vaginales, rectales y faríngeas (fuente propia).

Análisis Rápidos con Kits

Gran número de análisis cualitativos y semicuantitativos en el campo de microbiología y de la bioquímica, pueden realizarse de forma rápida y sencilla, mediante el uso de kits. Estos solo requieren la aplicación de unas gotas de muestra y reactivos para detectar la presencia o ausencia, del microorganismo o la molécula, causante de la patología, siempre y cuando el límite de detección sea inferior a la concentración presente en la muestra. Los test utilizados fueron:

Legionella Monlab Test[3]. Es un test rápido que detecta antígenos de la *Legionella pneumophila serogrupo* 1, a partir de muestras de orina en pacientes con síntomas de neumonía. La enfermedad del Legionario o "legionelosis" es una forma grave de neumonía con una mortalidad superior al 10%, los síntomas son parecidos a la gripe. Este test permite el diagnóstico precoz de infecciones del serogrupo 1 mediante la detección del antígeno específico presente en la orina, detectable hasta tres días después del inicio de los síntomas. El resultado se obtiene en 15 minutos. Pueden almacenarse entre 15-30° C, si la prueba se va a realizar en menos de 24 horas. Si se va a realizar entre 1-14 días debe guardarse la muestra 2 a 8° C. El ácido bórico es un conservante adecuado. Para realizar el test, la muestra y el diluyente deben estar a temperatura ambiente (15 a 30° C). No se debe abrir el embase hasta el momento del ensayo. Se saca el test del embase, se añaden 4 gotas de orina en el pocillo S. Se lee el resultado a los 15 minutos. Si la muestra es un hisopo se añade en un vial 10 gotas de reactivo control, se introduce el hisopo con la muestra en el vial y se deja 1 minuto. Se saca el hisopo del vial exprimiéndolo contra las paredes del vial. Se añaden

---

[3] Fuente: Instrucciones para el uso de Legionella Monlab Test, fabricado por Monlab SL, Selva de Mar, 48, 0819 Barcelona.

cuatro gotas del vial con la muestra en el pocillo S del test. A los 15 minutos se lee el resultado.

CITEST, prueba rápida de FOB[4]. Es una prueba en un solo paso para la detección cualitativa de sangre humana en heces. Es una prueba de inmuno ensayo cromatográfico para la detección cualitativa de sangre oculta en muestra fecal. Varias patologías pueden causar la FOB (fecal occult blood). En las etapas iniciales de patologías como cáncer de colon, úlceras, pólipos, colitis, fisuras, etc., no se presentan síntomas visibles, solo la presencia de sangre oculta, puede ser un indicio. La prueba utiliza un ensayo doble de anticuerpo sándwich para detectar selectivamente sangre oculta en las heces a concentraciones iguales o superiores de 50 ng/ml o 6μg/g. La precisión de la prueba no se ve afectada por la dieta del paciente. Para el correcto uso del cassette, el tubo recolector de la muestra, la muestra y los controles deben estar a temperatura ambiente. La muestra fecal debe ser recolectada en un recipiente limpio y seco. Se obtiene mejores resultados si el test se realiza 6 horas después de la recogida de las heces. Se desenrosca la tapa del tubo de recolección de muestras, tomar tres porciones de heces de sitios distintos, agitar el tubo con energía. Se rompe el extremo del tubo recolector y se vierten 2 gotas

---

[4] Fuente: Instrucciones para el uso de CITEST, Prueba Rápida de FOB en Cassette (Heces), Ref TFO-602, Español. Fabricado por CITEST DIAGNOSTICS INC. 170-422 Richards Street, Vancouver, BC, V6B 2Z4, Canadá. Distribuido en España por CMC Medical Devices and Drugs, S.L. C/ Horacio Lengo 18, 29006 Málaga.

en el pocillo del cassette, 80 microlitros, evitando la formación de burbujas. Los resultados se leen a los 5 minutos. Si aparece la línea de control sola, entonces el resultado de la presencia de sangre en heces es negativo, si aparecen las líneas de control y de test, es positiva la presencia de heces en sangre. Si sólo aparece la línea de test o ninguna línea, la prueba ha sido mal realizada. Cuanto más intensa es la coloración roja de la línea de test, mayor es la presencia de sangre en heces.

Strep A Monlab Test[5]. Es un test rápido para la detección cualitativa de antígenos del grupo A de *Streptococcus (GAS)* a partir de muestras de hisopo en garganta. Es un test inmunocromatográfico. El grupo A de *Streptococcus*, son bacterias frecuentes en la piel y en la garganta, forman parte de la flora bacteriana norma, por lo que su detección no confirma una enfermedad. El dolor de garganta causado por *Streptococcus* del grupo A, va asociado a fiebre, dolor estomacal, inflamación y rojez en las tonsilas. Los hisopos con la muestra se pueden conservar durante 4 horas entre 2 y 4 ° C. En un vial de plástico se añaden 5 gotas del reactivo A, 5 gotas del reactivo B y se introduce el hisopo con la muestra. Se deja unos segundos y se exprime el hisopo para que quede un volumen de 4 gotas o más. Se abre el envoltorio del cassette y en el pocillo se vierten 4 gotas del vial. A los diez minutos se lee el resultado.

---

[5] Fuente: Instrucciones para el uso de Strep A Monlab Test, fabricado por Monlab SL, Selva de Mar, 48, 0819 Barcelona.

Adenovirus Respiratorios Monolab Test[6]. Es un test rápido para la detección cualitativa de antígenos de *adenovirus* a partir de muestras nasofaríngeas (hisopos, lavados o aspirados nasofaríngeos). Existe un gran número de virus capaces de causar infecciones en el tracto respiratorio inferior en niños y adultos, destacando los *virus Influenza A y B, los virus respiratorios sincitial* (*RVS*), *Parainfluenza* 1, 2 y 3, adenovirus, entre los más frecuentes. Los *adenovirus* pueden causar desde un resfriado común hasta la neumonía y la bronquitis. En cada vial se introduce un hisopo, donde previamente se han introducido 15 gotas, unos 0,5 mL de reactivo, dejando en contacto el hisopo con el reactivo de dilución unos 45 segundos. Se exprime el hisopo contra la pared del vial. Se dispensan unos 100 microlitros en el pocillo del cassette, a los diez minutos se lee el resultado, siendo positivo si hay dos rayas y negativo si solo aparece la línea de control. Si se utiliza una muestra de lavado o aspirado nasal, se aplican seis gotas del lavado nasal o aspirado, se añaden 9 gotas del reactivo y se lleva el vial a un vórtex, durante 60 segundos. Se dispensan 4 gotas del vial con la muestra en el pocillo del cassette.

Influenza A+B Monlab Test[7]. Es un test rápido que permite detectar antígenos de Influenza A y B a partir de

---

[6] Fuente: Instrucciones para el uso de Adenovirus Respiratorios Monlab Test, fabricado por Monlab SL, Selva de Mar, 48, 0819 Barcelona.

[7] Fuente: Instrucciones para el uso de Influenza A+B Monlab Test, fabricado por Monlab SL, Selva de Mar, 48, 0819 Barcelona.

muestras nasofaríngeas (hisopos, lavados o aspirados nasofaríngeos). Permite detectar la presencia de los subtipos A/H1N1, A/H3N2, A/H5N1, y el tipo B.

Trinity Biotech, Uni-*Gold S. pneumonia*[8]. Es un inmunoensayo rápido para la detección cualitativa de *Streptococcus pnuemoniae* y sus antígenos presentes en la orina de pacientes con neumonía y en LCR en pacientes con meningitis. Según la Organización Mundial de la Salud, al año mueren 1,6 millones de personas de infecciones severas producidas por neumococos. La meningitis es causante de una alta tasa de muertes de niños y adultos. En el caso de niños, en pocas horas el estado de salud se deteriora hasta llegar al coma, por este motivo, un test rápido que permita descartar o confirmar la presencia de neumococos en el LCR es de gran ayuda a los pediatras para decidir el tratamiento adecuado. Se añaden tres gotas de muestra al vial y dos gotas del buffer de extracción, se mezcla completamente. Se introduce la tira del test en el vial, con la flechas indicando hacia abajo, se deja 15 minutos a temperatura ambiente y se leen los resultados.

Clip Test Plus[9]. Es un cassette para la detección rápida cualitativa de la hormona gonadotropina coriónica

---

[8] Fuente: Instrucciones para el uso de Uni-Gold S. pneumoniae, fabricado por Trinity Biotech. 5919 Farnsworth Court, Carlsbad, CA 92008, USA. Representante en Europa, EC REP Trinity Biotech plc. Bray, County Wicklow, Ireland.
[9] Fuente: Instrucciones para el uso de Clip Test Plus, fabricado por Dectra Pharma SAS, 8 rue Ettore Bugatti, 67201 Ekcobolsheim. Francia.

(hCG), en muestras de orina o de suero. La hCG es una glucoproteína producida por la placenta durante el desarrollo del embarazo, al poco tiempo de la concepción. A partir de la primera falta, la concentración de la hCG aumenta rápidamente, superando a menudo las 100 UI/L. Su máximo se alcanza entre la décima y duodécima semana de embarazo, con valores entre $10^5 - 2 \times 10^5$ UI/L. Este test permite detectar concentraciones superiores a 25 UI/L, para ello utiliza anticuerpos monoclonales y policlonales. En el pocillo del cassette se dejan tres gotas de orina (100 microlitros aproximadamente). Los resultados se leen en 3 minutos si son de orina y 5 minutos si son de suero.

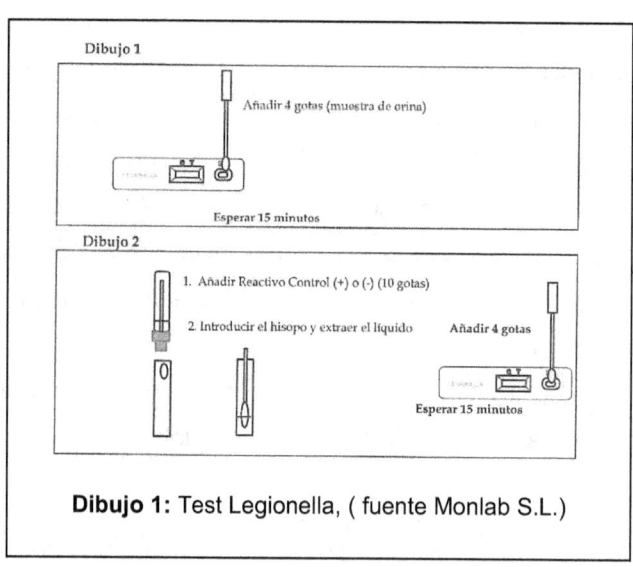

Dibujo 1: Test Legionella, (fuente Monlab S.L.)

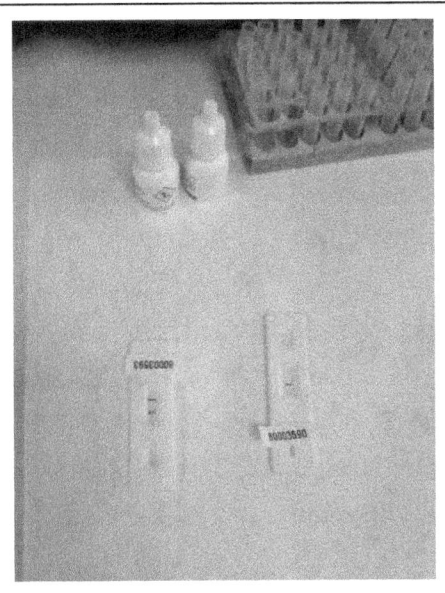

Foto 7: Test Citest FOB y test Streptococcus A (f. propia)

Analizador de Bioquímica Clínica Olympus AU 400

El Olympus AU es un analizador químico completamente automatizado para análisis de muestras de suero, orina, LCR, líquido ascítico, etc. Puede realizar hasta 38 determinaciones espectrofotométricas y tres con electrodos selectivos. A plena carga es capaz de realizar 400 test/hora. Está homologado por la FDA (Food an Drug Administration, USA). Clasificado por CLIA (Clinical Laboratory Improvement Amendments) como un equipo de moderada complejidad. El CLIA es un certificado necesario para que los análisis clínicos sean homologables a nivel internacional.

"Congress passed the Clinical Laboratory Improvement Amendments (CLIA) in 1988 establishing quality standards for all laboratories testing to ensure the accuracy, reliability and timeliness of patient test results regardless of where the test was performed. The final CLIA regulations were published in the Federal Register on February 28, 1992. The requirements are based on the complexity of the test and not the type of laboratory where the testing is performed. On January 24, 2003, the Centers for Disease Control and Prevention (CDC) and the Centers for Medicare & Medicaid Services (CMS) published final CLIA Quality Systems laboratory regulations that became effective April, 24, 2003[10]"

"The objective of the CLIA program is to ensure quality laboratory testing. Although all clinical laboratories must be properly certified to receive Medicare or Medicaid payments, CLIA has no direct Medicare or Medicaid program responsibilities."

El AU 400 es un analizador químico primario adecuado para laboratorios clínicos y de hospitales de tamaño pequeño a mediano. Dispone de un menú de 125 determinaciones químicas en suero, orina, líquidos fisiológicos ricos en proteínas, test de drogas de abuso, test de medicamentos, hormonas de la función tiroidea, etc. Las principales características técnicas son:

---

[10]   http://www.dph.illinois.gov/sites/default/files/publications/clia-how-obtain-cliacertificate-041316.pdf

- Sistema automatizado de racks de muestras para análisis de rutina de orina, LCR y otros líquidos biológicos homogéneos.

- Métodos analíticos: química clínica y parámetros inmunológicos. Punto final y de tiempo fijado en los métodos cinéticos. Métodos opcionales de electrodos selectivos.

- Carga de trabajo: 400 determinaciones fotométricas a la hora, máximo de 800/hora empleando electrodos selectivos.

- Alimentación de las muestras: los racks tienen capacidad para diez muestras, en total 80 muestras simultáneas.

- Lector de código de barras para la identificación de las muestras.

- Volumen de muestra requerido: 1, 2 o 50 microlitros.

- Refrigeración de los reactivos entre 4° y 12° C.

- Volumen de reacción total: 150 a 550 microlitros.

- La cubeta de reacción es de cuarzo (adecuada para radicación UV)

- El tiempo de reacción desde 40 segundos a 8 minutos. La temperatura de reacción 37° C.

- Trece longitudes de onda disponibles entre 340 y 800 nm.

- Patrones certificados y muestras de control.

- Software: Windows NT, comunicación bidireccional.

El Olympus AU400 es un equipo antiguo, el equipo actual de referencia de la marca Olympus, para el segmento de laboratorios clínicos de tamaño mediano es el Olympus AU2700 Plus[11], capaz de realizar 1600 test/hora empleando técnicas espectrofotométicas, turbidimétricas, pontenciometrías indirectas (con electrodos selectivos, "ISE unit") en suero, LCR, orina y otros fluidos. La compañía Beckman Coulter Tokyo, Japón, adquirió en 2009 la división de equipos de análisis clínico a Olympus Co Ltd, Tokyo.

El Olympus dispone de un lector de códigos de barras que identifica la muestra y la asocia a los parámetros a analizar incluidos en el volante. Todas las muestras incluidas en un volante se identifican con pegatinas con el mismo código de barras (misma numeración) y se graban las determinaciones a realizar en cada muestra. Como algunas muestras se comparten con el mini-Vidas y otros equipos, hay que indicar en los tubos de heparina, si además de la bioquímica general se determinará: Troponina (T), calcio iónico (Ca^{+2}) y procalcitonina (PCT). En los tubos de citrato se marcara el dímero D (DD). Si el tubo es pediátrico y tenemos muestra suficiente (normalmente dos tubos) se comenzará por llevar la muestra al mini-Vidas y a continuación al

---

[11] Jasna Juricek, Lovorka Derek, et al. Analytical Evaluation of the Clinical Chemistry Analyzer Olympus AU 2700 Plus. Biochemia Medica, Croatian Society of Medical Biochemistry and Laboratory. 2010; 20(3): 334-40.

Olympus AU400. Si la muestra es insuficiente o escasa se empieza por realizar la bioquímica. El mini-Vidas consume entre 100 y 200 µl en las determinaciones arriba indicadas, por lo que en caso de muestra escasa, tiene preferencia las determinación realizadas en el Olympus. Si el código de barras no tiene el estándar del Olympus, entonces se introduce un código a mano, que pueden ser los últimos cuatro dígitos del código de barras o la posición de la muestra en la serie de análisis (rack). El Olympus dispone de racks diferentes para análisis de suero, orina, LCR, emergencias, controles, etc. Al finalizar el análisis transmite los resultados al ordenador del laboratorio, donde el técnico comprobará si los resultados son aceptables, pasándose a validarlos. Si los resultados son anómalos, se repite la determinación para ver si ha habido un error en el Olympus o son debidos al estado de salud del paciente.

Para obtener el plasma, las muestras en tubos de heparina son centrifugadas cinco minutos a 4000 rpm. A continuación se observa si, en la etiqueta se ha escrito: "T", "PCT", en cuyo caso antes se lleva al Mini-vidas. Realizada la carga de la muestra en el Mini-Vidas, las muestras son llevadas al Olympus AU 400. Se introducen en un rack, quitándose el tapón, esto es muy importante para evitar averías en la aguja de la pipeta, con el código de barras visible por la ranura. Se introduce el rack en la cinta de transporte y se activa el Olympus AU 400 si estuviese en reposo. Una vez introducido el rack, este no puede sacarse de la cinta de transporte, pues los sensores de código de barras del Olympus lo han incluido en la base de de racks y si deja de detectarlo el Olympus AU 400 se parará, dando un mensaje de error.

Parámetros Bioquímicos Determinados con el Olympus AU 400

Glucosa: se realiza por el método de la hexoquinasa. Este método se basa en una modificación del método de Slein, utilizando hexoquinasa y glucosa, 6-fosfato deshidrogeneasa para catalizar la reacción. Es el método de referencia propuesto por la FDA para la medición de glucosa. El intervalo de linealidad está entre 0-45 mmoles/L. Valores altos de glucosa en sangre están relacionados con diabetes mellitus, infartos de miocardio, inflamación de páncreas, disfunción de la glándulas tiroides (hipertiroidismo). Valores bajos están relacionados con una disfunción hepática o la administración inadecuada de medicamentos.

Urea[12]: la ureasa descompone específicamente la urea produciendo dióxido de carbono y amoníaco. Esta reacciona en medio alcalino con salicilato e hipoclorito para dar el indofenol de color verdoso. Un aumento de la concentración plasmática de la urea, se interpreta generalmente como una posible disfunción renal. Sin embargo, no debe dejarse de lado el hecho de que los

---

[12] http://www.spinreact.com/files/Inserts/Bioquimica/BSIS32_UREA-UV_2013.pdf

valores plasmáticos de urea se encuentran íntimamente relacionados con la dieta y el metabolismo proteico.

Creatinina[13]: se fundamenta en la reacción de la creatinina con el picrato alcalino descrito por Jaffé. La creatinina reacciona con el picrato alcalino formando un complejo de coloración roja/anaranjada. El rango de tiempo elegido para las lecturas permite eliminar gran parte de las interferencias. La intensidad del color formado es directamente proporcional a la concentración de creatinina en la muestra. La creatinina procede de la degradación de la creatina, componente de los músculos que da lugar ATP. La secreción de creatinina depende de la modificación de la masa muscular. Varía poco y los niveles suelen ser muy estables. Se elimina a través del riñón. En una insuficiencia renal progresiva hay una retención en sangre de urea, creatinina y ácido úrico. Niveles altos de creatinina son indicativos de patología renal.

Amilasa[14]: es el método oficial de la Federación Internacional de Química Clínica (IFCC). Es un método enzimático. En la reacción, la amilasa cataliza la hidrólisis del sustrato a maltosa. La velocidad de formación de maltosa se mide mediante el uso de tres reacciones acopladas que son catalizadas por la maltosa fosforilasa (MP), la β-fosfoglucomutasa (PGM), y la glucosa-6-fosfato

---

[13] http://www.spinreact.com.mx/public/pdf/1001111.pdf
[14] http://www.wiener-lab.com.ar/

deshidrogenasa (G6PDH); dando como resultado la producción del β-dinucleótido de nicotinamida adenina reducido (NADH) a partir de β-dinucleótido de nicotinamida adenina (NAD). La amilasa, es producida en el páncreas exócrino y en las glándulas salivales. Su función fisiológica consiste en romper los enlaces α-1-4 glucosídicos del almidón y del glucógeno. Aumenta en el suero de los afectados de pancreatitis aguda. La máxima actividad se produce entre las 24 y 30 horas después del ataque, disminuyendo luego para regresar a los niveles normales entre las 24 y 48 horas posteriores. También se ve aumentada en este caso la excreción urinaria de la enzima, persistiendo la hiperamilasuria de 3 a 5 días, cuando regresando a los valores normales.

Fosfatasa alcalina[15]: es el método recomendado por la Federación Internacional de Química Clínica (IFCC). La fosfatasa alcalina (FAL) cataliza la hidrólisis del p-nitrofenilfosfato (pNPP) a pH 10,4 liberando p-nitrofenol y fosfato. La velocidad de formación del p-Nitrofenol, determinado fotométricamente, es proporcional a la concentración catalítica de la fosfatasa alcalina en la muestra analizada. Entre las patologías relacionadas con la actividad de la fosfatasa alcalina, destacan: carcinomas metastásicos en hígado y en hueso, colestasis biliar, procesos osteoblásticos, trastornos de malabsorción acompañados de lesiones ulcerosas. También en las

---

[15] http://www.spinreact.com.mx/public/pdf/41242.pdf

lesiones como infarto agudo de miocardio, infarto pulmonar o renal.

Bilirubina total y directa[16] La bilirrubina presente en el suero se transforma en azobilirrubina por la acción del ácido sulfanílico diazotado, determinándose fotométrica_ mente. De las dos fracciones presentes en el plasma, la bilirrubin-glucurónido (conjugada) y la bilirrubina libre ligada a la albúmina, sólo la primera reacciona en medio acuoso (bilirrubina directa). La segunda debe ser solubilizada con dimetilsulfóxido (DMSO) para que reaccione (bilirrubina indirecta) dando un producto con color según la reacción descrita. En la determinación de la bilirrubina indirecta se cuantifica también la directa, correspondiendo el resultado a la bilirrubina total, que es la suma de ambas. La bilirrubina es un producto de la degradación de la hemoglobina en el SER (sistema retículo endoterial). Circula del bazo al hígado y se excreta en la bilis. La hiperbilirrubinemia es el resultado de un incremento de la bilirrubina en el plasma. Las causas de bilirrubina total: incremento de la hemólisis, alteraciones genéticas, anemia neonatal, alteraciones eritropoyéticas, presencia de drogas. Las causas bilirrubina directa: colestasis hepática, alteraciones genéticas y alteraciones hepáticas.

---

[16] www.spinreact.com.mx/public/instructivo/QUIMICA%20CLINICA/LIQUIDOS/

<u>Electrolitos (Na^+, K^+, Cl^+)</u>[17]: El método se basa en el ion selectivo, utiliza como sensor del ion, el electrodo de Cl^-/Ag/AgCl. En la determinación de Na^+/K^+ utiliza membranas de intercambio iónico de vidrio para el sodio y membranas de intercambio iónico liquidas que incorporan valiomicina para el potasio. La *hipernatremia*, se caracteriza por vómito profuso, succión nasogástrica, enfermedades infecciosas como traqueobronquitis, diarrea acuosa profusa, diabetes insípida, aldosteronismo primario, ingestión inadecuada de agua libre, alimentos con alto contenido de solutos. La *hiponatremia* por lo general se debe un descenso excesivo de Na, diarrea o vómito donde se pierde más sodio que agua. La *hiperpotasemia* se define como una concentración plasmática mayor de 5,5 mEq/L. Con una función renal adecuada es virtualmente imposible permanecer en un estado de hiperpotasemia. Por tanto, un incremento significativo de potasio se debe a una insuficiencia renal grave con azotemia. La *hipopotasemia* se define como una concentración plasmática menor de 3,5 mEq/L.

<u>Proteínas totales</u>[18]: En medio básico, en presencia de sales de cobre, las proteínas presentan una coloración de violeta a azulada intensa. Se añade yoduro como

---

[17] QFB Rosalinda Vázquez Salgado, Manual de Prácticas de Bioquímica Clínica, Facultad de Química, Universidad Autónoma de México. Clave 1807.
[18]

http://www.spinreact.com.mx/public/instructivo/QUIMICA%20CLINICA/LIQUIDOS/

antioxidante. Las proteínas actúan como elementos estructurales y de transporte. Se dividen en dos fracciones principales: albúminas y globulinas. La *hiperproteinemia* es producida por la hemoconcentración, la deshidratación o el aumento en la concentración de proteínas específicas. La *hipoproteinemia* se debe a la hemodilución causada por un defecto en la síntesis proteica, hemorragias excesivas o por un catabolismo proteico excesivo.

Calcio total[19]: a pH neutro, el Ca^{+2} forma un complejo azulado con arsenazo III (ácido 1,8-dihidroxi-3,6-disulfo-2,7-naftalenen-bis(azo)-dibenzenarsónico). El calcio es el metal más abundante e importante del cuerpo humano, el 99 % forma parte de los huesos. Una reducción de los niveles de albúmina produce un descenso del calcio sérico. La *hipocalcemia* pueden relacionarse con hipoparatiroidismo, déficit de vitamina D, malnutrición o mala absorción. La mayoría de patologías vinculadas con *hipercalcemia* son causadas por enfermedades oncológicas, por intoxicación de vitamina D, por aumento en la retención renal, por osteoporosis, etc.

19

http://www.spinreact.com.mx/public/instructivo/QUIMICA%20CLINICA/LIQUIDOS/

<u>Colesterol total y fracciones</u>[20]: El colesterol presente en el plasma se hace reaccionar en una serie de reacciones acopladas. 1 Reacción: Esteres de colesterol + H_2O + CHE → Colesterol + Ácidos grasos. 2 Reacción: Colesterol + O_2 + CHOD → 4-Colestenona + H_2O_2. 3 Reacción: 2 H_2O_2 +Fenol + 4-Aminofenazona + POD → Quinonimina + 4 H_2O_2. La intensidad del color producido, es directamente proporcional a la concentración de colesterol plasmático. El hígado produce todo el colesterol que necesita el cuerpo para formar las membranas celulares y la síntesis de las hormonas lipososolubles derivadas del colesterol. La cuantificación del colesterol es uno de los parámetros más importantes para el diagnostico y clasificación de las lipemias.

<u>Triglicéridos</u>[21]: Los triglicéridos bajo la acción de enzima lipoproteinlipasa (LPL) liberan glicerol y ácidos grasos libres. El glicerol es fosforilado por glicerolfosfato deshidrogenasa (GPO) y ATP por la reacción de la enzima glicerol quinasa (GK) para producir glicerol-3-fosfato (G3P) y adenosina-5-difosfato (ADP). El G3P es entonces convertido a dihidroxiacetona fosfato (DAP) y H_2O_2 por la enzima GPO. Al final, el peróxido de hidrogeno reacciona con 4- aminofenazona (4-AF) y p-Clorofenol, reacción

---

20

http://www.spinreact.com.mx/public/instructivo/QUIMICA%20CLINICA/LIQUIDOS/

21

http://www.spinreact.com.mx/public/instructivo/QUIMICA%20CLINICA/LIQUIDOS/

catalizada por la peroxidasa (POD), generando una coloración roja. Diversas dolencias, como cirrosis, hepatitis, obstrucción biliar o diabetes mellitus, un consumo excesivo de grasas, pueden vincularse con su incremento.

Ácido Úrico[22]: es oxidado por la enzima uricasa formándose alantoína y H$_2$O que en presencia de la enzima peroxidasa (POD), 4- aminofenazona (4-AF) y 2-4 Diclorofenol Sulfonato (DCPS) forma un compuesto rosáceo: Las reacciones acopladas. 1. Reacción: Ácido úrico + 2H$_2$O$_2$ + O$_2$ + Uricasa → Alantoína + CO$_2$ + 2 H$_2$O$_2$. 2 Reacción: 2 H$_2$O$_2$ + 4-AF + DCPS + POD → Quinonimina + 4 H$_2$O. La formación de Quinonimina da lugar a una coloración roja cuya intensidad puede medirse espectrofotométricamte; siendo directamente proporcional a la concentración de ácido úrico sérico. El ácido úrico y los uratos son los productos finales del catabolismo de las purinas. En la insuficiencia renal progresiva hay una retención en sangre de urea, creatinina y ácido úrico. Niveles elevados de ácido úrico son indicativos de patología renal y generalmente se asocia con la gota.

---

[22] Fuente: Guillermo E. Ottavio et al. Creatinfosfoquinasa y su aplicación Clínica. Facultad de Ciencias Médicas, Universidad del Rosario, Argentina. Fundación Dr. J.R. Villavicencio.

CPK[23]: La creatina fosfoquinasa (CK o CPK) cataliza la transferencia reversible de un grupo fosfato de la fosfocreatina al ADP. Esta reacción se acopla con otras catalizadas a través de la enzima hexoquinasa (HK) y por la glucosa-6-fosfato deshidrogenasa (G6F-DH). Las reacciones acopladas. 1. Reacción. Fosfocreatina + ADP +CK →Creatina + ATP. 2. Reacción. ATP + Glucosa HK → ADP + Glucosa-6-fosfato. 3 Reacción. Glucosa-6-fosfato + NADP$^+$ → G6F DH 6-Fosfogluconato + NADPH + H$^+$. La velocidad de formación de NADPH, determinada espectrofotométricamente, es directamente proporcional a la concentración catalítica de CPK plasmática. La creatina quinasa es una enzima intracelular, distribuida por todo el organismo humano. Su función fisiológica está asociada con el adenosin trifosfato (ATP), producida en la contracción múscular. El nivel de CPK sérico se eleva en pacientes con patologías del músculo esquelético y en los infartos de miocardio.

CPK-MB[24]: cuantifica la actividad enzimática de la CPK en presencia del anticuerpo anti CPK-M, que inhibe completamente la actividad enzimática de la CPK-MM sérica. La actividad enzimática de la CPK-MB se obtiene multiplicando por un factor igual a dos, la actividad de la

———————————————————

23

http://www.spinreact.com.mx/public/instructivo/QUIMICA%20CLINICA/LIQUIDOS/
24

http://www.spinreact.com.mx/public/instructivo/QUIMICA%20CLINICA/LIQUIDOS/

CPK-B. La CK-MB es una enzima compuesta de dos subunidades, la subunidad M expresada en el músculo y la subunidad B, expresada en las células nerviosas. La CK-MB se encuentra en el suero en concentraciones bajas. Aumenta después de un infarto de miocardio, disminuyendo posteriormente hasta alcanzar los niveles normales.

GOT[25]: La aspartato aminotransferasa (AST), más conocida como transaminasa glutamato oxaloacética (GOT). Cataliza la transferencia reversible de un grupo amino del aspartato al α-cetoglutarato con formación de glutamato y oxalacetato. El oxalacetato producido se reduce a malato por la presencia de la enzima malato deshidrogenasa (MDH) y NADH: Las reacciones que tienen lugar. 1. Reacción. L-Aspartato + α-Cetoglutarato + GOT → Glutamato + Oxalacetato. 2. Reacción. Oxalacetato + NADH + H^+ → Malato + NAD^+. La concentración de NADH en el medio disminuye siguiendo una cinética, cuantificada fotométricamente, que es directamente proporcional a la concentración de GOT en el plasma. La GOT es una enzima intracelular, tiene niveles altos en el músculo del corazón, en las células del hígado y en las células del músculo esquelético. Es útil en el control post-infarto, en pacientes con desórdenes del músculo esquelético y en combinación con fosfatasa

25

http://www.spinreact.com.mx/public/instructivo/QUIMICA%20CLINICA/LIQUIDOS/

alcalina y otras transaminasas para el diagnóstico diferencial.

GPT[26]: La alanina aminotrasferasa (ALT), más comúnmente, transaminasa glutámico pirúvica (GPT) cataliza la transferencia reversible de un grupo amino de la alanina al α-cetoglutarato, con formación de glutamato y piruvato. El piruvato producido es reducido a lactato, en presencia de lactato deshidrogenasa (LDH) y NADH. La disminución de la concentración de NADH sigue una cinética que es directamente proporcional, a la concentración presente en el suero del paciente de GPT. La cuantificación se realiza fotométricamente. La GPT es una enzima presente en el medio intracelular, preferentemente en las células del hígado y el riñón. Su mayor utilidad se encuentra en el diagnóstico de hepatopatías. Cuando se utiliza en combinada con la GOT ayuda en el diagnóstico de infartos de miocardio, ya que el valor de la GPT se mantiene dentro de los límites normales y aumenta la actividad de la GOT.

LDH[27]: La lactato deshidrogenasa (LDH) cataliza la reducción del piruvato por el NADH, según la siguiente reacción: Piruvato + NADH + H^+ LDH→ L-Lactato + NAD^+.

26

http://www.spinreact.com.mx/public/instructivo/QUIMICA%20CLINICA/LIQUIDOS/

27

http://www.spinreact.com.mx/public/instructivo/QUIMICA%20CLINICA/LIQUIDOS/

La concentración de NADH en el medio disminuye siguiendo una cinética, cuantificándose fotométricamente, que es directamente proporcional a la concentración catalítica de LDH en el plasma del paciente. LDH es una enzima, distribuida por todo el cuerpo humano. Las mayores concentraciones de LDH se están en el hígado, corazón, riñón, músculo esquelético y eritrocitos. El nivel de LDH en plasma se eleva en pacientes con hepatopatías, infartos de miocardio, patologías renales, distrofias musculares y anemias.

PCR[28]: La PCR-Látex es una técnica de aglutinación en pocillo para la detección cualitativa y semicuantitativa de PCR en suero. Las partículas de látex están recubiertas con anticuerpos anti-PCR humana y son aglutinadas al unirse a las moléculas de PCR presentes en el suero del paciente. La Proteína C-reactiva es una proteína de fase aguda, presente en el suero de pacientes sanos, la cual se incrementa notablemente en la mayoría de procesos infecciosos bacterianos y virales, al dañarse tejidos, en la inflamación y por la acción de neoplasias malignas. La proteína C reactiva (PCR) fue descubierta en 1930 como una sustancia presente en sangre que reaccionaba específicamente con el polisacárido C de la pared celular de *Streptococcus pneumoniae*, de ahí su denominación. Esta sustancia aparecía en los

[28]

http://www.spinreact.com.mx/public/instructivo/QUIMICA%20CLINICA/LIQUIDOS/

prolegómenos de la infección, mucho antes que los anticuerpos específicos y desaparecía rápidamente una vez resuelta la enfermedad (mientras los anticuerpos persistían semanas, meses o años). Pronto se comprobó que la PCR aumenta en procesos tales como infecciones bacterianas, traumatismos, patologías inflamatorias agudas y artritis reumatoide. La función fisiológica de esta proteína consiste en unirse a la fosfocolina, expresada en la superficie de las células moribundas o muertas del paciente y a algunos tipos de bacterias. Con la finalidad de activar el *sistema del complemento*, por la vía del C1Q.

En el Olympus AU 400 también se realizan análisis bioquímicos de orina. Los principales parámetros son: glucosa, urea, creatinina sodio, potasio, cloro proteínas, amilasa, calcio, fósforo y ácido úrico. Los fundamentos de estas determinaciones son similares a los expresados para las muestras de suero.

Otros líquidos que pueden ser analizados en el Olympus AU400 son el LCR, el líquido articular, el líquido ascítico y líquido pleural. Los parámetros analizados son: proteínas, LDH, glucosa, amilasa, etc.

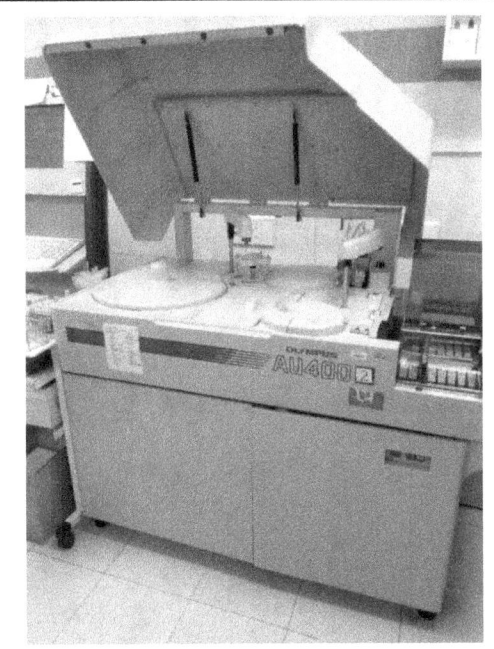

Foto 8: "Clinical Chemistry Analyzer Olympus AU 400" (fuente propia).

Foto 9: Muestras incubándose, previo al análisis de colinesterasa eritrocitaria en el Olympus (f. propia).

Determinaciones con el Mini-Vidas

El mini VIDAS [®29] es un sistema compacto de inmunoensayo automatizado basado en los principios "Enzyme Linked ensayo fluorescente (ELFA)" para laboratorios clínicos. Resolutivo y fácil de usar, proporciona resultados de las pruebas una bajo demanda precisa. Robusto y fiable: MTBF > 1100 días.

---

[29] http://www.biomerieux-diagnostics.com/mini-vidas

- Puede realizar hasta 36 determinaciones/hora.

- El mini VIDAS $^®$ se caracteriza por su sencillez, flexibilidad, fiabilidad y disponibilidad. Procesa las pruebas individuales de la muestra y del lote para todos los tipos de análisis: la serología, la inmunoquímica, la detección de antígeno. Diez analitos diferentes se pueden determinar simultáneamente, permitiendo una gran flexibilidad en la gestión del laboratorio clínico. Todas las etapas del de inmunoensayo enzimático se realizan automáticamente en un espacio mínimo: pipeteo, la incubación, el lavado, la lectura de la señal analítica. Los resultados son enviados al ordenador central y a la impresora.

- Más de 100 parámetros en el formato de una sola prueba para el diagnóstico de patologías cardiovasculares e infecciosas, cáncer, infertilidad, embarazo, patologías de la tiroides, etc.

- El volumen de muestra es reducido, entre 100 y 200 microlitros.

- Los resultados en 17 a 90 minutos.

El mini-Vidas dispone de un lector de códigos de barras, al finalizar el análisis transmite los resultados al ordenador del laboratorio. En la aplicación de gestión de los análisis, se abre una ficha para cada volante, con un código de barras. Todas las muestras incluidas en el volante, se identifican con pegatinas con el mismo código de barras y se graban las determinaciones a realizar en cada muestra. Así para el mini-Vidas, se graba la PCT (procalcitonina), el dímero D, la HCG (hormona del embarazo), el PSA (marcador tumoral, antígeno prostático), estradiol (hormona femenina útil para la evaluación de función placentaria), la troponina (para el estudio de enzimas cardiacas y lesiones de miocardio), VHI, VHB, VHC, etc. Los parámetros clínicos determinados en el mini-Vidas tienen gran utilidad en el diagnóstico clínico, vamos a detenernos en algunos de ellos.

Parámetros Bioquímicos Determinados con Mini-Vidas

Troponina[30]: se determina en plasma heparinizado (tubo verde). Entre los múltiples marcadores estudiados para evaluar el daño al miocardio, la troponina es considera la más sensible y específica. La troponina es una proteína globular de gran tamaño (entorno a 70.000 u.m.a). Su principal función fisiológica es regular de la contracción del músculo cardíaco. Es liberada al torrente sanguíneo durante un infarto de miocardio.

La procalcitonina (PCT)[31]: la muestra es plasma heparinizado (tubo con tapón verde). La primera

---

[30] Ana María Guzmán, Teresa Quiroga. Troponina en el diagnóstico del infarto al micocardio: consideraciones desde el laboratorio clínico. Facultad de Medicina, Universidad Pontificia Católica de Chile. Santiago de Chile. Revista Médica de Chile, sección Laboratorio Clínico. 2010; 138: 379-382.

[31] R. Díaz García, E. Oujo Izque, et al. Procalcitonina: utilidad y recomendaciones para su medición en el laboratorio. Documentos de la Sociedad Española de Química Clínica y Patología Molecular, abril 2011, páginas 14 a 18.

descripción de la PCT fue como una proteína presente en el suero de pacientes con sepsis. El concepto de Síndrome de Respuesta Inflamatoria Sistémica (SRIS) se estableció inicialmente en la conferencia de consenso sobre sepsis, celebrada en 1992 por la Society of Critical Care Medicine (SCCM) y el American College of Chest Physicians (ACCP). Definieron los congresistas el SRIS como un síndrome generalizado caracterizado por la presencia de signos y síntomas clínicos de inflamación, como son la temperatura corporal anormal, la taquicardia, la hiperventilación y la leucocitosis con independencia de su causa. De forma similar, definieron la *sepsis* como *una respuesta inflamatoria sistémica a un estímulo infeccioso*. Por tanto es necesario diferenciar en el diagnóstico clínico entre *sepsis* y *SRI*. Si la SRIS está presente y la infección bacteriana está probada o sospechada, el diagnóstico es de sepsis. El desarrollo de nuevos marcadores químicos de inflamación, como la proteína-C-reactiva (PCR), la interleuquina-6 (IL-6) y la PCT ha permitido diferenciar mejor ambos procesos.

Dímero D[32]: se determina en muestras de plasma con citrato (tubo tapón azul claro). El dímero D es un producto final de la degradación de un trombo rico en fibrina, mediada por la acción secuencial de 3 enzimas: la trombina, el factor XIIIa y la plasmina. Su determinación permite el diagnóstico diferencia entre la enfermedad del

---

[32] Haroldo Miranda Rosero, José Luís Blanco, Mauricio Gálvez Cárdenas. Dímero D: utilidad diagnóstica y aplicación clínica. Revista Médica de Risaralda, volumen 16, nº 2, Noviembre 2010.

trombo embólico venoso y una coagulación intravascular diseminada.

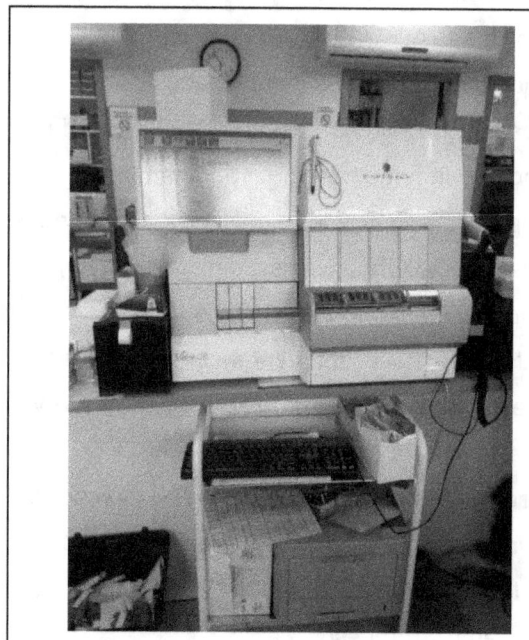

Foto 10: Mini-Vidas (fuente propia).

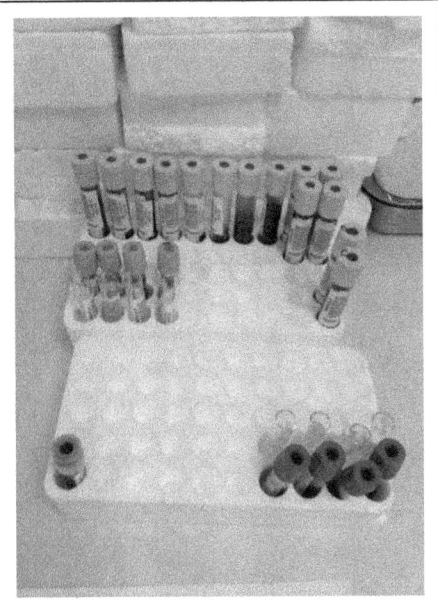

Foto 11: Muestra de suero, citrato, EDTA y heparina de sodio. (f. propia).

Hemograma

En los análisis clínicos la información hematológica es fundamental para el diagnóstico, por este motivo el hemograma se encuentra entre las pruebas más solicitadas por los médicos. Una de las preocupaciones del responsable del laboratorio clínico es el mantenimiento de los estándares de calidad sin disminuir el volumen de muestras analizadas por hora. Por este motivo un *citómetro de flujo* debe ser un aparato robusto, preciso y de fácil manejo. El Pentra 80[33] cumple estos requisitos, pudiendo analizar 50 muestras a la hora (350 muestras/días) con carga manual de los tubos, llegando a 80 muestras la hora si se instala un carrusel automático para la muestras.

El Pentra 80 emplea las técnicas de impedancia para CBS, impedancia para citoquímica (el reactivo Eosinofix contiene Sudán B negro y Basolyse) y fotometría para obtener la absorbancia de las muestras. Estas técnicas han sido patentadas por ABX Horiba Grup. Permiten al Pentra 80 consumir una cantidad reducida de muestra de sangre, realizando posteriormente las alícuotas y las diluciones necesarias para su envío a las cámaras de medida.

Normalmente se considera que un hemograma debe incluir: el recuento de eritrocitos, la hemoglobina, el hematocrito, los índices corpusculares, el estudio de la morfología eritrocitaria, el recuento de leucocitos, la fórmula leucocitaria, el recuento plaquetario, la morfología plaquetaria. Otros índices que pueden incluirse son: recuento de reticulocitos, el índice ictérico y la velocidad de sedimentación globular.

---

[33] Franck Seguy, Senior Hematology Product Mananger. The automated hematology analyzer the Pentra 80. Marketing Departament, ABX S.A. 2014.

Principales Parámetros del Hemograma

Recuentro de eritrocitos. Es importante en el diagnóstico diferencial de los diversos tipos de anemias.

La hemoglobina. Se determina diluyendo un volumen medido de sangre mezclado con $K_3Fe(CN_6)$, al que se añade una solución de KCN, la reacción conduce a la formación de cianometahemoglobina. La absorbancia de este pigmento es medida posteriormente a 540 nm. El Pentra 80, mide directamente por la absorbancia de la oxihemoglobina.

Volumen corpuscular medio (VCM): Señala el volumen de cada eritrocito, expresado en femtolitros (fl). El valor promedio normal es de 89.5 ± 5 fl.

Concentración de Hemoglobina Corpuscular Media (CHCM). Informa de la concentración media de hemoglobina por litro de una masa de hematíes. Los valores de referencia de un adulto están en el intervalo de 325 ± 25 g/l.

Hemoglobina Corpuscular Media (HCM). Indica la hemoglobina contenida en un hematíe y se expresa en picogramos. El índice VCM es el más útil en clínica, ya que permite subdividir las anemias en microcíticas, normocrómicas o macrocíticas. Este parámetro, permite detectar precozmente la deficiencia de hierro y discriminar entre ésta y una talasemias, anemias de las enfermedades crónicas, sideroblástica, envenenamiento por plomo, etc.

Distribución por anchura de los eritrocitos. Es un parámetro que se calcula empleando la desviación estándar y la media. La normalidad es: 13 ± 1.5%.

Distribución leucocitaria. El análisis de la serie blanca consta del recuento de leucocitos, la fórmula leucocitaria (Schilling), las alteraciones cualitativas y cuantitativas en el frotis. El estudio diferencial de los diversos tipos de leucocitos. Incluye normalmente: a) neutrófilos, b) eosinófilos, c) basófilos, d) mononuclea_ res, que incluyen los linfocitos, monocitos y plasmocitos. Los neutrófilos maduros en el torrente sanguíneo en forma de segmentados y cayados. Ocasionalmente se detectan mielocitos.

Plaquetas: Los recuentos son relativamente constantes, aunque hay evidencia de variación diurna, y en las mujeres es cíclica la disminución durante la menstruación. Las complicaciones derivadas de un aumento del número de las plaquetas se producen en valores próximos a 10^{12}/L. Existe un gran número de patologías relacionadas con la elevación o disminución del número de plaquetas. Para el médico es importante conocer el tamaño de las pocas plaquetas que se observan en una trombocitopenia.

Reticulocitos. El recuento de reticulocitos es un parámetro importante en el diagnóstico diferencial de las anemias.

Velocidad de sedimentación (VSG). No forma parte del hemograma, pero es una prueba hematológica, por este motivo se incluye en este apartado. Es una prueba sencilla. Se define como la distancia en milímetros que desciende el sedimento de eritrocitos durante 1 hora. La elevación de la VSG depende de un aumento de la tendencia de los eritrocitos a agregarse y formar rouleaux.

Las patologías asociadas a las células sanguíneas y sus derivados se relacionan con el aumento, disminución y alteración de las mismas. Entre las principales están: los diversos tipos de anemias, leucitosis, leucopenia, basofilia, basopenia, esosinofilia, eosinopenia, glanulación tóxica, linfocitosis, linfopenia, monocitosis, plamocitosis, reacciones leucemoides, etc.

Gasometrías

Las gasometrías se realizan con los equipos IL GEM Premier 3000 y el IL GEM Premier 4000. Las muestras son de sangre venosa o arterial. Se determinan iones, pH, presiones parciales de O_2, CO_2, CO, glucosa, lactato, metahemoglobina, carboxihemoglobina, hemo_ globina en adultos y fetales y hematocrito.

Las características técnicas son:

- Cooximetría (COHem) integrada y un completo abanico de parámetros.
- Un cartucho multiuso incluye todos los componentes necesarios para su funcionamiento. Solo se debe cambiar el cartucho cada 30 días.
- iQM®, sistema de control de calidad patentado por IL.
- GEMweb® Plus, software de tratamiento y control remoto desarrollado por IL, permite el acceso a cualquier analizador en la red para consultar los resultados del paciente, monitorizar su funcionamiento para reducir fallos y errores.

Las muestras se reciben en jeringas con tapón azul. Una vez recibida la muestra, se pone una etiqueta con código de barras en el volante y en la jeringa. Si no se va analizar inmediatamente se deja en el agitador de rodillos. Las muestras que son de la UCI deben incluir en su análisis el Cl⁻, por lo que solo se pueden analizar con el IL GEM Premier 4000. Las muestras procedentes del cordón umbilical contienen poca sangre, hay que tener cuidado para que la aguja de la pipeta pueda succionar toda la sangre. Debe verificarse que no se han formado coágulos en la muestra.

Las gasometrías permiten evaluar la función respiratoria, el nivel de electrolitos y el equilibrio ácido-base del paciente. En función de los resultados el médico distinguirá entre una acidosis y alcalosis de origen respiratorio o metabólico.

Foto 12: Citómetro Pentra 80 (f. propia).

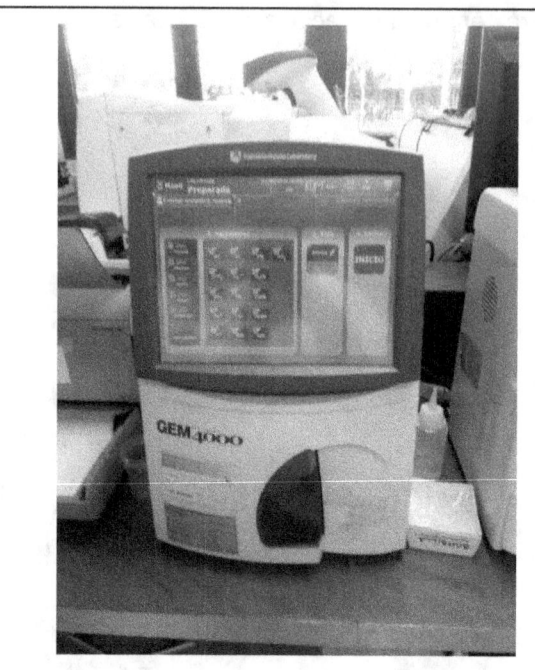

Foto 13: Gasómetro Gem 4000 (fuente propia).

Pruebas de Hemostasia

El Coagulómetro Sysmex CA 500 realiza ensayos coagulométricos (por dispersión de la luz), cromométricos (fotométrico a 450 nm) e inmunoquímicos (turbimétrico a 575 nm). El analizador automático de coagulación SYSMEX CA-500 es un equipo compacto totalmente automatizado que se utiliza en el diagnóstico in vitro y que permite realizar análisis aleatorios de 5 parámetros. El coagulómetro dispone de un lector de código de barras que identifica y detecta la posición en la que se deja la muestra en la gradilla. El ordenador del coagulómetro lee las pruebas a realizar y una vez obtenidos los resultados los envía al ordenador central. Si se produce algún error, en la pantalla se señala la muestra que lo ha generado y el parámetro de coagulación que no se ha podido obtener.

- Tiempo de Protrombina: es el tiempo que tarda en coagular un plasma pobre en plaquetas con un exceso y de tromboplastina hística.

- Tiempo de Trombina: es el tiempo que tarda en coagular un plasma pobre en plaquetas cuando se le añade una pequeña cantidad de trombina bovina (cálcica o no cálcica). Se alarga el tiempo cuando en el plasma hay un exceso de inhibidores de trombina (heparina y PDF) y si el fibrinógeno está alterado.

- INR: es un cociente corregido que permite relacionar los resultados obtenidos con distintos reactivos comerciales: (TP paciente/TP control) [ISI]. Donde ISI es el índice de Sensibilidad Internacional. Los valores deben variar entre 1,5 y 4,5

- Tiempo de Tromboplastina Parcial Activada (TTPA). También se denomina tiempo de cefalina. Es similar a al tiempo de tromboplastina parcial, pero se añaden activadores de contacto, con lo que el tiempo de coagulación es menor. Puede expresarse como cociente, cuanto más alto es el cociente mayor es el déficit coagulatorio.

- <u>Factor Xa.</u> Factor Stuart Prower o autoprotrombina III es una proteasa de la serina (enzima) que depende de la vitamina K. Los síntomas son sangrado en las articulaciones, el tejido muscular, las mucosas y daños hepáticos.

Foto 14: Coagulómetro CA 500 (fuente propia).

Foto 15: Recepción de pacientes ambulantes (fuente propia).

Evaluación del Laboratorio de Análisis Clínicos de Labco

El objetivo del laboratorio de Labco Madrid SAU, en el Hospital Universitario de Sanitas de la Moraleja, es realizar análisis clínicos de urgencia a pacientes ambulantes y hospitalizados. El laboratorio se divide en dos secciones: La recepción- extracción de muestras y la parte analítica.

La sección de recepción de muestras dispone de dos localizaciones, una para los pacientes ambulantes y la otra para la recogida de muestras de pacientes hospitalizados, que está en la sala de análisis del laboratorio. Los técnicos realizan la toma de todas las muestras, no existiendo graduados en enfermería para esta función. La profesionalidad de estos técnicos es excelente, todos ellos con más de cinco años de experiencia, realizando habitualmente más de 70 extracciones de sangre al día. En el apartado de puntos a mejorar, en mi opinión inexperta, las instalaciones son pequeñas y algo incómodas para el gran volumen de pacientes.

El volumen de peticiones de análisis en pacientes ambulantes supera las 300 diarias, a las que hay que añadir otras tantas de los pacientes hospitalizados. Por este motivo el laboratorio está enfocado hacia los análisis de rutina. El tiempo dado a un paciente ambulante con un volante que incluya hematología, bioquímica básica, perfiles lipídicos, renal y cardiaco, análisis sistemático y anormales de orina y pruebas de hemostasia es de 20 a 30 minutos. Es importante cumplir este plazo, pues los pacientes esperan a recibir el informe para subir a la consultas de los especialistas. Para evitar retrasos el laboratorio dispone de equipos duplicados para realizar la hematología, la bioquímica y las gasometrías. El personal trabaja sincronizado, conociendo de memoria los protocolos, los cuales no se consultan. A mí me los explicaron verbalmente, tomando notas al regresar a casa.

El ritmo de trabajo no permite leer ningún documento durante la jornada laboral.

Las pruebas de control de los equipos, la calibración, trazabilidad, etc., se realizan por la noche para no restar productividad a los equipos durante la mañana y la tarde. Durante el día se realizan tareas de carga de reactivos, controles, limpieza. La dirección facultativa revisa los resultados analíticos cuando estos son sospechosos o anormales. El laboratorio en su funcionamiento diario es excelente, siendo pocas las incidencias, las cuales se resuelven todas en pocos minutos u horas. El personal tiene muchos años de experiencia, lo cual facilita el trabajo, al conocer cada uno todas las rutinas analíticas. Las muestras que requieren técnicas no instaladas en el laboratorio se envían al laboratorio central.

En el apartado de puntos a mejorar, en mi opinión, la sala de equipos se ha quedado pequeña para el volumen de los instrumentos y el número de técnicos que trabaja. Poco espacio para el pipetado y tratamiento de muestras.

Determinación del SARS COVID-19 por Técnicas de Biología Molecular

PCR

Esta técnica ha revolucionado la biología molecular. Se basa en la capacidad natural de las enzimas ADN polimerasa de replicar las hebras de ADN. Su automatización se logró al conseguir polimerasas resistentes a las altas temperaturas que requieren los ciclos de desnaturalización del ADN bicatenario y la elongación de las copias. En sus inicios, la corta vida de las polimerasas, exigía añadirlas en cada ciclo. La continua mejora en la síntesis de polimerasas ha permitido que la técnica sea más rápida y con copias más exactas al molde. Las polimerasas empleadas proceden de arqueas termófilas: Thermus aquaticus (polimerasa Taq), Pyrococcus furiosus (polimerasa Pfu) y Thermococcus litoralis, principalmente.

La combinación de varias polimerasas resulta beneficiosa, así la Taq se adapta muy bien a los ciclos térmicos y la Pfu y la Vent, son capaces de reparar errores.

Los reactivos necesarios para la PCR son:
- Los cuatro dNTP (desoxirribonucleótidos-trifosfato).
- Dos cebadores o iniciadores (primers). Son oligonucleótidos complementarios, cada uno, a

una de las hebras del ADN. La finalidad de los cebadores es facilitar a la polimerasa el comienzo de la elongación de la cadena de ADN y delimitan la región a amplificar. Tienen una longitud de 6 a 40 nucleótidos, consiguiendo así especificidad. Se añaden en exceso para facilitar el copiado.

- Iones divalentes: Mg^{+2} y Mn^{+2}.
- K^+, buffer, ADN polimerasa (la más frecuente es Taq) y la cadena molde de ADN a amplificar.
- Termociclador: es el instrumento que calienta y enfría las muestras siguiendo una programación de tiempo y número de ciclos.

Ciclos de Amplificación

La PCR consiste en una serie de 20-35 ciclos, cada, uno con dos o tres periodos a temperaturas diferentes, precedidos por un choque térmico a una temperatura superior a 90 °C; si las polimerasas necesitan activación térmica. Las temperaturas y tiempos varían en función de la longitud de la cadena a amplificar y de las enzimas y reactivos empleados.

Inicio

Se lleva la temperatura hasta 95 °C y se mantiene de 1 a 9 minutos.

Desnaturalización del ADN

Se logra separando las hebras aplicando calor, en torno a 95 ºC. Otra forma es añadir sales.

Alineamiento del Cebador

Se produce la hibridación del cebador (se une a la cadena de ADN molde, siendo ambos antiparalelos y complementarios). La temperatura se sitúa en un rango de 40 - 68 ºC, durante unos 30”. La unión por puentes de hidrógeno requiere que las cadenas sean complementarias en un porcentaje muy alto, garantizando así una especificidad. La polimerasa une el híbrido formado por el cebador y la cadena de ADN a copiar (molde). Se inicia la síntesis de la región de la cadena de ADN delimita por el cebador.

Elongación de la Cadena

La polimerasa sintetiza una hebra complementaria del ADN molde uniendo los dNTP complementarios en la dirección $5´ \rightarrow 3´$. Dependiendo de la ADN polimerasa se escoge la temperatura óptima, que para la Taq suele ser 72 ºC. El tiempo de esta fase se ajusta en función de la temperatura y de la longitud de la cadena molde a amplificar. Como regla general se estima que la polimerasa en condiciones óptimas polimeriza 1000 nucleótidos/min.

Elongación Final

Esta etapa se realiza al final para asegurar que todo el ADN monocatenario se ha amplificado. La temperatura escogida suele ser 72 °C y dura 10 min.

PCR en Tiempo Real o Cuantitativa

Existe una gran diversidad de PCR cuantitativas, se pueden clasificar en dos tipos: fluorocromos no específicos y las basadas en sondas específicas. A diferencia de las PCR tradicionales que determinan la cantidad de ADN al final del procedimiento, en la Q-PCR, se mide la fluorescencia durante el proceso de amplificación, por lo que, su aumento es directamente proporcional a la cantidad de ADN sintetizada. Precisa de un termociclador con un detector de la fluorescencia emitida por las fluorocromos.

RT-PCR

Combina la acción de una enzima retro_ transcriptasa que transcribe el ARN vírico a ADN_c (copia de ADN complementaria del ARN vírico). El ADN_c es el ADN molde de una PCR ordinaria o cuantitativa. Los positivos se declaran según un valor umbral de ct.

TMA

Transcripción mediada por amplificación. Es una técnica de biología molecular que utiliza una única temperatura y dos enzimas: la transcriptasa inversa y la ARN polimerasa. Después de aislar y purificar el ARN, este se somete a la acción de las enzimas que amplifican el número de cadenas de ARN que son transcriptas a ADN para su cuantificación.

El TMA5, es una variante desarrollada por Hologic Inc., basada en la transcripción a través de dos enzimas: MMLV transcriptasa inversa y la polimerasa T7 de ARN. La transcriptasa inversa se utiliza para generar una copia de ADN (que contiene una secuencia promotora para la polimerasa T7 de ARN) de la secuencia de ARN diana. La ARN polimerasa T7 produce múltiples copias del amplicón de ARN a partir de la plantilla de copia de ADN. La detección se logra utilizando sondas de ácido nucleico monocatenarias con marcadores quimioluminiscentes que son complemen_ tarios al amplicón. Los especímenes de ácido nucleico marcados con las sondas se hibridan específicamente con el amplicón. El reactivo de selección diferencia entre sondas hibridadas y no hibridadas. Durante el paso de detección, la señal quimioluminiscente producida por la sonda hibridada se mide mediante un luminómetro y se informa como unidades de luz relativa (RLU).

El control interno se agrega a cada muestra de ensayo, de control y al calibrador a través del buffer de extracción. La señal del control interno se distingue de la señal SARS-CoV-2 por la diferente cinética de emisión de la luz frente a la emisión las sondas. Así, el amplicón específico del control interno se detecta utilizando una sonda con rápida emisión de luz (señal intermitente); mientras el amplicón específico del SARS-CoV-2 se detecta utilizando sondas con una cinética de emisión de luz relativamente más lenta (señal luminosa).

Determinación del SARS-COV-2

El test Procleix® SARS-CoV-2, desarrollado por Grifols, se implementa en los equipos Procleix® Panther®, una plataforma de diagnóstico molecular automatizada de alto rendimiento propiedad de Hologic Inc. Los sistemas Procleix® y Panther® utilizan la tecnología TMA (Amplificación Mediada por Transcrip_ ción), propiedad de Hologic y con licencia exclusiva de Grifols para su uso en el cribado de donantes.

El proceso de detección consiste en crear múltiples copias de secuencias genéticas únicas y específicas del virus, en este caso de SARS-CoV-2, facilitando su detección rápida y precisa. Los equipos Procleix® Panther® generan los resultados en aproximadamente 3,5 horas y son capaces de procesar hasta 1.000 muestras diarias.

El ensayo Panther Fusion® SARS-CoV-2 es una prueba de diagnóstico in vitro RT-PCR en tiempo real destinada a la detección cualitativa de ARN de SARS-CoV-2 aislado y purificado de muestras procedentes de vías respiratorias superiores: hisopo nasofaríngeo (NP), nasal, de cornete medio y orofaríngeo (OP), muestras de lavado/ aspirado nasofaríngeo o lavado nasal. Del tracto respiratorio inferior (LRT), como el lavado broncoalveolar. Obtenidas de individuos que cumplen con los requisitos clínicos de COVID-19 y / o criterios epidemiológicos, incluidas personas sin síntomas u otras razones para sospechar una infección por COVID-19.

Esta prueba también es apta para la detección cualitativa de ácido nucleico del SARS-CoV-2 en muestras combinadas que contiene hasta 5 muestras individuales de hisopos de las vías respiratorias superiores (hisopos nasofaríngeos, nasales u orofaríngeos) donde cada muestra se recolecta bajo observación o por un proveedor de atención médica utilizando viales individuales que contienen medios de transporte. Los resultados negativos de test agrupados de muestras no deben tratarse como definitivas. Si los signos y síntomas clínicos de un paciente son inconsistentes con un resultado negativo o si los resultados son necesarios para el manejo del paciente, entonces el paciente debe ser incluido en pruebas individuales. Las muestras incluidas en pools, con resultado positivo, deben analizarse individualmente antes de informar un resultado. Es posible que las muestras con cargas virales bajas no se detecten en los test de muestras agrupadas, debido a la disminución de la sensibilidad. Para pacientes específicos, cuya muestra(s) fueron objeto de agrupación, se debe incluir un aviso de que se utilizó la agrupación durante las pruebas al informar del resultado al médico.

Los resultados son para la identificación del ARN del SARS-CoV-2. El ARN del SARS-CoV-2 generalmente es detectable en muestras de las vías respiratorias superiores e inferiores durante la fase aguda de la infección. Los resultados positivos son indicativos de la presencia de ARN del SARS-CoV-2, este dato debe cotejarse con la clínica y el historial del paciente.

Los resultados negativos no excluyen la infección por SARS-CoV-2 y no deben utilizarse como instrumento determinante para el tratamiento del paciente. Los resultados negativos deben combinarse con otras observaciones clínicas, historial del paciente e información epidemiológica.

Los coronavirus forman una gran familia de virus que pueden causar enfermedades en animales o humanos. En humanos, se sabe que varios coronavirus causan infecciones respiratorias que van desde resfriado común a enfermedades más graves como el síndrome respiratorio de Oriente Medio (MERS) y el síndrome respiratorio agudo severo (SARS). El coronavirus descubierto más recientemente, SARS-CoV-2, causa la enfermedad de coronavirus asociada COVID-19. Este nuevo virus y la enfermedad se desconocían antes de que comenzara el brote en Wuhan, China, en diciembre de 2019.

Los síntomas más comunes de COVID-19 son fiebre, cansancio y tos seca. Algunos pacientes puede tener dolores y molestias, congestión nasal, secreción nasal, dolor de garganta, repentina pérdida del gusto o del olor o diarrea. Estos síntomas suelen ser leves y comienzan gradualmente. Algunas personas cursan la infección de forma asintomática. La enfermedad se puede propagar a través de gotitas respiratorias que se producen cuando una persona infectada tose o estornuda.

Principios del Procedimiento de Análisis

El ensayo Panther Fusion SARS-CoV-2 implica los siguientes pasos: lisis de la muestra, extracción y purificación del ácido nucleico, transferencia del eluido y RT-PCR múltiple, cuando los analitos son detectados y amplificado. La extracción y elución de los ácidos nucleicos se realiza en un solo tubo en el método Panther Fusion. El eluido se transfiere al tubo de reacción del sistema Panther Fusion que contiene los reactivos de ensayo. Luego se realiza una RT-PCR multiplex para el ácido nucleico eluido en el Panther.

Extracción y elución de ácidos nucleicos

Las muestras deben transferirse a un tubo de lisis que contiene el medio de transporte (STM) que lisa las células, liberando el ácido nucleico diana y lo protege de degradación durante el almacenamiento. El control interno se añade a cada muestra de prueba y controles a través del sistema Capture Reagent-S del Panther. El control interno permite monitorear la muestra procesada, la amplificación y la detección. El ácido nucleico hibridado es separado de la muestra, en un campo magnético. Los pasos de lavado eliminan los componentes extraños del tubo de reacción. El paso de elución eluye el ácido nucleico purificado. Durante el paso de extracción y elución de los ácidos nucleicos, el ácido nucleico total es aislado.

Transferencia de elución y RT-PCR

Durante el paso de transferencia de la elución, se transfiere el ácido nucleico eluido a un tubo de reacción Panther Fusion que ya contiene aceite y mastermix reconstituido. La amplificación de la diana se produce mediante RT-PCR. Una transcriptasa inversa genera una copia de ADN de las secuencias diana. Las sondas y los cebadores directos e inversos (específicos) de los genes víricos objetivos los amplifican, mientras detecta y discrimina simultáneamente múltiples tipos de objetivos a través de RT-PCR multiplex. El ensayo SARS-CoV-2 amplifica y detecta dos regiones del gen ORF1ab en el mismo canal de fluorescencia. Las dos regiones no se diferencian y la amplificación de una o ambas regiones da lugar a una señal fluorescente. El sistema Panther Fusion compara la señal de fluorescencia con un valor de corte predeterminado para producir un resultado cualitativo de la presencia o ausencia del analito.

Análisis de la Muestras recibidas en el Hospital General Universitario de Albacete

Ante la situación de pandemia declarada y, del posterior rebrote generalizado en toda España, se ha incrementado notablemente la capacidad de realización diaria de PCR. El Hospital General de Albacete realizó las PCR de toda la provincia, con un ritmo que se incrementó a en el mes de agosto de 2020, con días en los que se llegaba a las 1000 PCR, sumando todos los equipos disponibles.

Vamos a describir el trabajo realizado sobre las muestras nasofaríngeas para su análisis con el Panther. Una vez recepcionadas las muestras, se separaban las urgentes para su análisis por el Simplex o el Hamilton.

Las muestras se colocan en gradillas en un número de 45, aprovechando que los racks del Panther son para 15 muestras. Se introducen, en la base de datos, las muestras a través de un lector de códigos y en el listado generado se lee el código de barras de cada muestra, para imprimir las etiquetas que se pegan a los tubos.

Se introduce un 1 ml de buffer de lisis. Las muestras se pasan en la pasan por el vortex. En la campaña de extracción, con los EPIs adecuados, se pipetea 1 ml de cada muestra en el tubo con el buffer. Se homogeniza y se extraen los fragmentos de moco y las burbujas.

Las muestras se introducen en el Panther, el cual detecta si alguna muestra no tiene el volumen adecuado antes de pipetear. Las muestras preferentes se pueden marcar para que el Panther las analice antes. En la pantalla se siguen los estados de las muestras: sin pipetear, pipeteando y ya pipeteada (amarillo, verde y azul). Las posiciones vacías las señala con un círculo negro. El equipo avisa si necesita reactivos y cuantos desechos aun puede almacenar, cuando indica cero para de analizar muestras, momento en el que se extraen los desechos antes de reinicializar el análisis de las muestras.

Una ventaja del equipo es su autonomía pudiendo trabajar solo mientras tenga: muestras, reactivos y no se llene el depósito de desechos. Así, el último turno puede dejar el equipo cargado para que analice las muestras por la noche. Los resultados, con sus informes, se pueden ver en el display del Panther y se transmiten a la red informática.

En la fotografía inferior vemos las muestras nasofaríngeas etiquetadas con su código de barras que identifica la muestra con el paciente y la petición. En la gradilla verde, vemos los tubos etiquetados con el buffer de lisis.

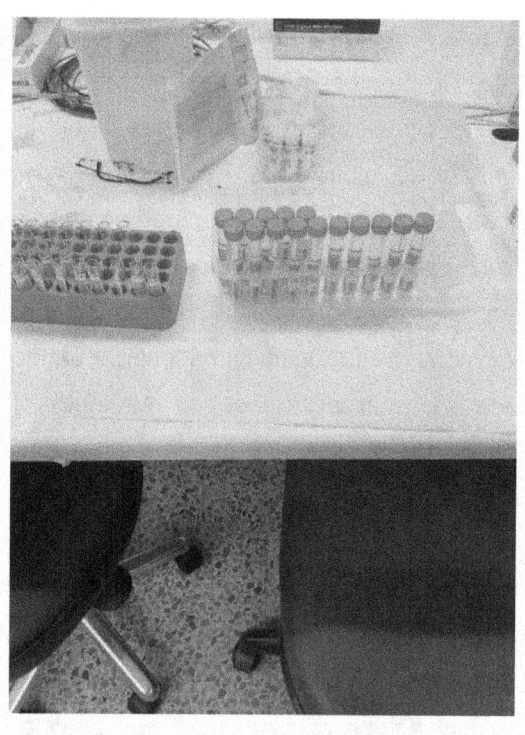

En la foto inferior vemos unos tubos eppendorf en los que se encuentra el eluido extraído con el Emag, comercializado por Biomérieux. Con estos viales se hace una placa que se introducirá en un termociclador.

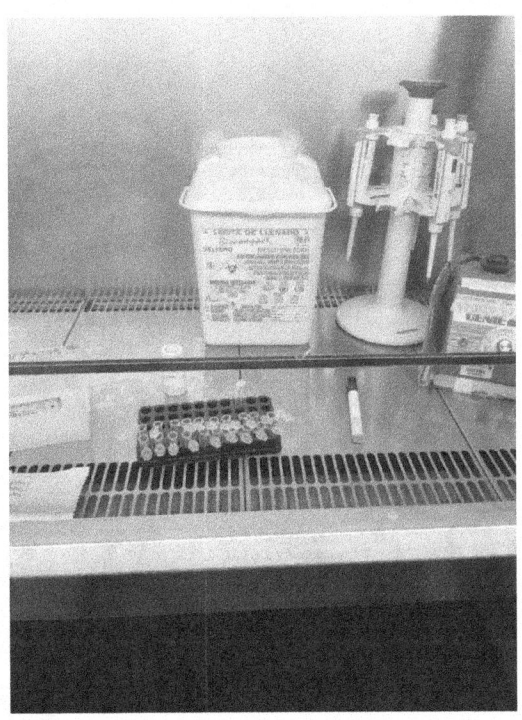

En la foto inferior vemos el Panther comercializado por Grifols. Se aprecian los cajones donde se introducen reactivos y la pantalla de control. Detrás de la mampara ahumada está el brazo robótico que pipetea las muestras.

En la foto inferior vemos la pantalla del Panther que nos muestra sus menús. El estado de cada muestra se sigue por los colores (negro, amarillo, verde, azul y rojo).

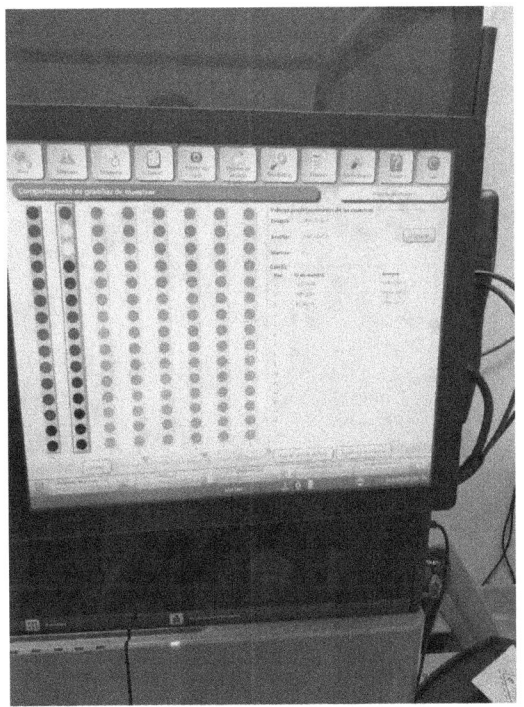

En la foto inferior vemos la pantalla del Easy EMAG, nos muestra que las muestras, las puntas de pipetas están correctamente cargadas. El menú nos dice los siguientes pasos para inicializar la extracción del ADN o ARN.

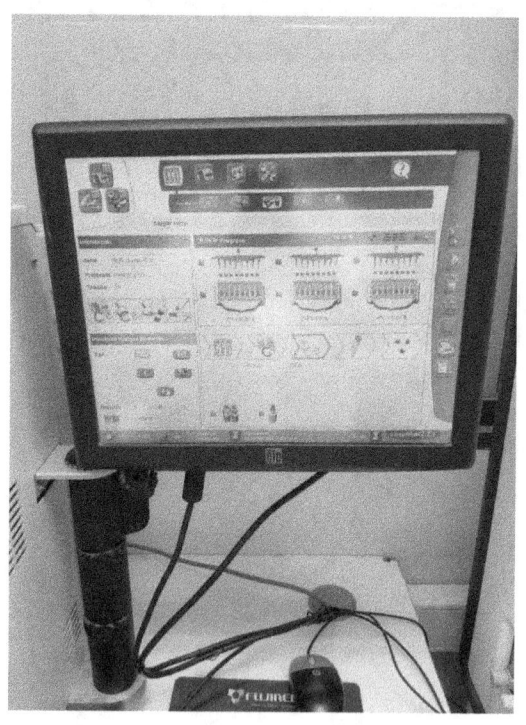

En la foto inferior vemos un termociclador. Nos muestra los ciclos de calentamiento y los tiempos de cada uno con su temperatura.

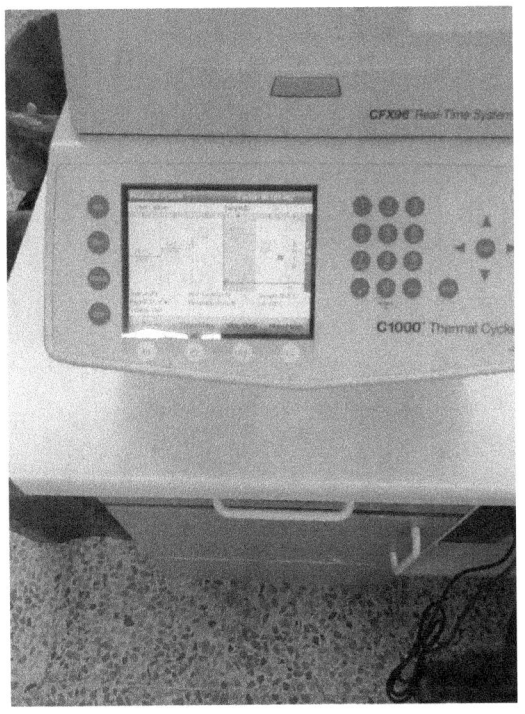

1. Referencias Bibliográficas

1. Faustina Rubio, Benjamín García y Manuel Carrasco. Fundamentos y Técnicas de Análisis Hematológicos y Citológicos. Editorial Paraninfo, 8ª reimpresión. Madrid 2004.

2. Carmen D´Ocon, Mª. José García y José Carlos Vicente. Fundamentos y Técnicas de Análisis Bioquímico. Editorial Paraninfo, Madrid 2008.

3. Gary J. Brender. Métodos Instrumentales de Análisis en Química Clínica, Editorial Acribia, Zaragoza, 1997. Capítulos 23, 24 y 25.

4. X. Fuentes, M.J. Castiñeiras y J.M. Queraltó. Bioquímica Clínica y Patología Molecular. Editorial Reverté. Barcelona, 2008. Capítulo 40.

5. R. J. Henry, D.C. Cannon y J. W. Wilkelman. Química Clínica, Principios y Técnicas. Editorial JIMS. Barcelona, 1980. Capítulo XIII.

6. Instrucciones para el uso de *Legionella* Monlab, Adenovirus Respiratorios, RVS e Influenza A+B Test. Fabricado por Monlab SL, Selva de Mar, 48, 0819 Barcelona. 2016.

7. Instrucciones para el uso de Uni-Gold *S. pneumoniae*, fabricado por Trinity Biotech. 5919 Farnsworth Court, Carlsbad, CA 92008, USA. 2016.

8. Instrucciones para el uso de CITEST, Prueba Rápida de FOB en Cassette (Heces), Ref TFO-602, Español. Fabricado por CITEST DIAGNOSTICS INC. 170-422 Richards Street, Vancouver, BC, V6B 2Z4, Canada. 2016

9. Instrucciones para el uso de Clip Test Plus, fabricado por Dectra Pharma SAS, 8 rue Ettore Bugatti, 67201 Ekcobolsheim. Francia. 2016.

10. Jasna Juricek, Lovorka Derek, et al. Analytical Evaluation of the Clinical Chemistry Analyzer Olympus AU 2700 Plus. Biochemia Medica, Croatian Society of Medical Biochemistry and Laboratory. 2010; 20(3): 334-40.

11. QFB Rosalinda Vázquez Salgado, Manual de Prácticas de Bioquímica Clínica, Facultad de Química, Universidad Autónoma de México. Clave 1807.

12. Métodos de Análisis de Bioquímica Clínica de fabricante de reactivos para Laboratorio Spinreact.

http://www.spinreact.com/es/productos/bioquimica clinica.html

13. Guillermo E. Ottavio et al. Creatinfosfoquinasa y su aplicación Clínica. Facultad de Ciencias Médicas, Universidad del Rosario, Argentina. Fundación Dr. J.R. Villavicencio. XVI, 2008.

14. Fabricante de Mini-Vidas: http://www.biomerieux-diagnostics.com/mini-vidas

15. http://www.dph.illinois.gov/sites/default/files/publicat ions/clia-how-obtain-cliacertificate-041316.pdf

16. Ana María Guzmán, Teresa Quiroga. Troponina en el Diagnóstico del Infarto al Micocardio: Consideraciones desde el Laboratorio Clínico. Facultad de Medicina, Universidad Pontificia Católica de Chile. Santiago de Chile. Revista Médica de Chile, sección Laboratorio Clínico. 2010; 138: 379-382.

17. R. Díaz García, E. Oujo Izque, et al. Procalcitonina: Utilidad y Recomendaciones para su Medición en el Laboratorio. Documentos de la Sociedad Española de Química Clínica y Patología Molecular, abril 2011, páginas 14 a 18.

18. Haroldo Miranda Rosero, José Luís Blanco, Mauricio Gálvez Cárdenas. Dímero D: Utilidad Diagnóstica y Aplicación Clínica. Revista Médica de Risaralda, volumen 16, nº 2, Noviembre 2010.

19. Franck Seguy, Senior Hematology Product Manager. The Automated Hematology Analyzer Pentra 80. Marketing Department, ABX S.A. 2014.